ANGEWANDTE RADIOAKTIVITÄT

VON

K. E. ZIMEN

VORSTAND DES INSTITUTS FÜR KERNCHEMIE
CHALMERS TECHNISCHE HOCHSCHULE
GÖTEBORG/SCHWEDEN

MIT 45 TEXTABBILDUNGEN
UND EINER TAFEL

SPRINGER-VERLAG

BERLIN · GÖTTINGEN · HEIDELBERG

1952

ISBN 978-3-642-53273-3   ISBN 978-3-642-53272-6 (eBook)
DOI 10.1007/978-3-642-53272-6

ALLE RECHTE,
INSBESONDERE DAS DER ÜBERSETZUNG IN FREMDE SPRACHEN,
VORBEHALTEN

COPYRIGHT 1952 BY SPRINGER-VERLAG OHG.
IN BERLIN, GÖTTINGEN AND HEIDELBERG
SOFTCOVER REPRINT OF THE HARDCOVER 1ST EDITION 1952

BRÜHLSCHE UNIVERSITÄTSDRUCKEREI GIESSEN

Einführung.

Neben den vielen klassischen Büchern über die natürliche Radioaktivität (z. B. MEYER und SCHWEIDLER, HEVESY und PANETH, RUTHERFORD, CURIE) und neben den modernen Einführungen in die Kernphysik (z. B. RIEZLER, HEISENBERG) gab es bisher in deutscher Sprache keine moderne Darstellung der angewandten Radioaktivität.

Zu den etwa fünfzig natürlich radioaktiven Atomarten kommen ja heute mehrere Hundert künstlich radioaktive Atomarten hinzu, und viele von diesen lassen sich in Aktivitäten gewinnen, denen gegenüber die Aktivität selbst starker Radiumpräparate verschwindend klein ist. So ist es nicht zu verwundern, daß die Anwendung vor allem der künstlich radioaktiven Isotope der Elemente, zunächst in der biologischen, chemischen und physikalischen Forschung, aber auch schon in der medizinischen Praxis und in der Technik, eine geradezu stürmische Entwicklung genommen hat.

Eine ausführliche Darstellung alles dessen, was über die Anwendungen radioaktiver Atomarten auf den genannten Gebieten heute schon vorliegt, würde den Rahmen einer zusammenfassenden Übersicht bei weitem überschreiten und bereits ein umfangreiches Handbuch und die Zusammenarbeit vieler Forscher erfordern. So hat sich der Verfasser darauf beschränkt, einen Überblick über die prinzipiellen Möglichkeiten zu geben und damit die Wege anzugeben, auf denen weitergearbeitet werden kann.

Zum Verständnis des Ganzen werden im ersten Teil des Buches die grundlegenden Tatsachen der Radioaktivität und der Kernreaktionen behandelt. Der zweite Teil bringt dann die Darstellung der prinzipiellen Möglichkeiten für die Anwendung der radioaktiven Atomarten als Strahlenquellen und als Leitisotope (radioaktive Indicatoren). Es werden zahlreiche Beispiele über diese Möglichkeiten gebracht, wobei ein umfassender Literaturnachweis ein näheres Studium der jeweils interessierenden Anwendungen erleichtert. Die vielen praktischen Tabellen und Angaben im abschließenden dritten Teil machen das Buch auch für die experimentelle Arbeit mit radioaktiven Stoffen nützlich.

Durch langjährige Erfahrungen und seine eigenen experimentellen Arbeiten ist der Verfasser wohl besonders geeignet zu einer derartigen Einführung, die mir in der Auswahl des Gebotenen und Art der Darstellung besonders glücklich erscheint.

Möge das Buch den Zweck erfüllen, die großen Möglichkeiten der angewandten Radioaktivität für Zwecke des Friedens und des kulturellen Fortschritts hervorzuheben.

Göttingen, Mai 1952.

Vorwort.

Von 1912, als HEVESY und PANETH ihre Pionierarbeiten über die Anwendung radioaktiver Atomarten begannen, bis zum Jahre 1934, als es I. CURIE und JOLIOT erstmals gelang künstlich radioaktive Atomarten herzustellen, war die angewandte Radioaktivität auf die wenigen natürlich vorkommenden radioaktiven Isotope der schwersten Elemente angewiesen. Infolge der Entdeckung der künstlichen Radioaktivität und besonders auch der im gleichen Jahre durch FERMI begonnenen erfolgreichen Anwendung der Neutronen zur Herstellung künstlicher Radioisotope lernte man von 1934 bis heute über 500 radioaktive Atomarten und von fast allen Elementen radioaktive Isotope mit für praktische Anwendung geeigneten Eigenschaften kennen. Die Entdeckung der Uranspaltung durch HAHN und STRASSMANN im Jahre 1938 und die anschließende bekannte Entwicklung in den USA brachte es schließlich mit sich, daß diese wertvollen radioaktiven Stoffe sozusagen als Nebenprodukte und in ungeahnten Quantitäten bei den Arbeiten für die Entwicklung und Herstellung von Atomwaffen erzeugt werden. Dies bedeutet einmal, daß es heute kein Problem mehr ist, Radioisotope zu erhalten (für die Produzenten eher ein Problem, die großen Mengen radioaktiver Substanzen sinnvoll zu verwerten). Es bedeutet weiterhin, daß die gewaltigen Kosten für den Bau der Atomreaktoren, in denen die radioaktiven Isotope erzeugt werden, nicht durch den Verkauf der Isotope amortisiert zu werden brauchen, so daß diese auch verhältnismäßig billig zugänglich sind.

Die heutige Situation ist also die, daß eine Fülle von Radioisotopen mit verschiedensten Eigenschaften in fast beliebigen Mengen und zu erschwinglichen Preisen jedem Qualifizierten zugänglich ist. Die weitere fruchtbare Entwicklung und Anwendung der radioaktiven Methoden wird daher in erster Linie davon abhängen, wie schnell die Zahl der Mediziner, Techniker und Forscher zunimmt, die diese Methoden erfolgreich anwenden können. Einen Beitrag zu dieser Entwicklung zu liefern ist der angestrebte Zweck dieser Schrift, die hervorgegangen ist aus dem gleichen Zwecke dienenden Vorlesungen und Übungen, die seit 1946 an der Technischen Hochschule in Göteborg abgehalten werden. — Das Studium dieser Einführung ist natürlich mit einem praktischen Lehrgang über die Messung und Handhabung von Radioisotopen zu komplettieren, bevor die Isotopentechnik für selbständige Arbeiten angewandt werden kann.

Mein Dank gilt bei dieser Gelegenheit in erster Linie Herrn Professor OTTO HAHN für die Lehrjahre 1935—39 im Kaiser-Wilhelm-Institut für

Chemie in Berlin-Dahlem und ebenso meinen Freunden und Kollegen in diesem Institut, besonders den Herren H. J. BORN, A. FLAMMERSFELD, S. FLÜGGE und K. STARKE. Herrn Dr. FLAMMERSFELD danke ich zudem besonders für die Durchsicht des Manuskriptes und nützliche Kritik. Mein Mitarbeiter Dr. E. BERNE hat insofern zu diesem Buche beigetragen, als das erste Kapitel „Grundlagen" ein Konzentrat eines zusammen mit ihm verfaßten Buches [Z 8] ist. Ich danke schließlich der schwedischen Atomenergiekommission, die seit 1946 die Unterrichts- und Forschungs-arbeit des Institutes und damit auch dieses Buch ermöglicht hat.

Göteborg, Februar 1952.   K. E. Z.

Inhaltsverzeichnis.

Formelzeichen und Abkürzungen.

Angewandte Einheiten:

Länge: m = Meter   Energie: eV = Elektronenvolt

μ = Mikron   Temperatur: °K = Grad Kelvin

(10^{-6} m)   °C = Grad Celsius

Å = Ångström   Zeit: s = Sekunde

(10^{-10} m)   m = Minute

Volumen: l = Liter   h = Stunde (lat. hora)

cm³ = Kubikzentimeter   d = Tag (lat. dies)

Masse: g = Gramm   a = Jahr (lat. annum)

ME = atomare Massen-   Radioaktivität: c = Curie

einheit   rd = Rutherford

Multiplen der Einheiten:

10^6 = M   Mega- 10^{-3} = m   Milli-

10^3 = k   Kilo- 10^{-6} = μ Mikro-

10^{-2} = c   Centi- 10^{-12} = p   Pico-

Durchgehend benutzte Formelzeichen und Abkürzungen:

A = Massenzahl

BE = Bindungsenergie

c = Lichtgeschwindigkeit

d = Deuteron

E = Energie

e = Elementarladung

El = Element

esE = elektrostatische Einheiten

G = Gewicht in Gramm

h = PLANCKs Konstante

I = Strahlungsintensität bzw. relative Aktivität

ipm = Anzahl gezählter Impulse pro Minute

ips = Anzahl gezählter Impulse pro Sekunde

k = BOLTZMANNs Konstante

L = LOSCHMIDTs Zahl (= Anzahl Atome pro cm³ = $N\varrho/M$)

m = Masse

M = Isotopengewicht bzw. Atomgewicht

n = Neutron

N = AVOGADROs Zahl (Anzahl Atome pro Mol)

NTP = bei Normaltemperatur (0° C) und Normaldruck (760 torr)

p = Proton

Q = Energietönung

R = Gaskonstante

T = Temperatur

T = absolute Temperatur

t = Zeit

$t_{\frac{1}{2}}$ = Halbwertszeit

$t_{\frac{1}{e}}$ = mittlere Lebensdauer

tpm = Anzahl Transmutationen pro Minute

tps = Anzahl Transmutationen pro Sekunde

v = Geschwindigkeit

Z = Ordnungszahl

α = Alphateilchen

β = Betateilchen

γ = Gammaquant

ε = Elektron

Λ = absolute Aktivität $\left(= \lambda \mathsf{N} \dfrac{G}{M} \right)$

λ = Umwandlungskonstante

μ = Absorptionskoeffizient

μ/ϱ = Massenabsorptionskoeffizient

μ_ε = Absorptionskoeffizient pro Elektron

ϱ = Dichte in g cm⁻³

σ = Wirkungsquerschnitt

τ = Auflösungszeit

Φ = Partikelfluß

Einleitung. Die Ausnutzung der Atomenergie.

Der Mensch kann heute den Energieinhalt der Atomkerne auf, im großen gesehen, drei verschiedene Weisen für seine Zwecke nutzbar machen, nämlich durch Herstellung von Atomwaffen, durch Bau von Atomkraftwerken und durch Produktion von Isotopen:

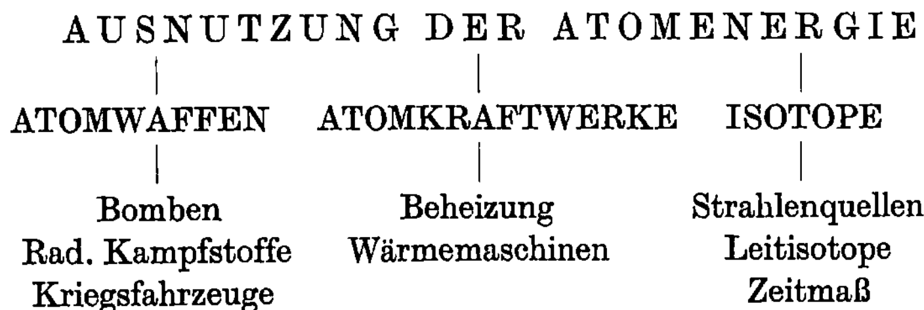

Die Produktion von Atomwaffen, Atomkraft und Isotopen in technischem Maßstab — zusammenfassend als Kerntechnik (engl. nuclear engineering) bezeichnet — stellt in einigen Ländern schon einen sehr bedeutenden Zweig der Technik dar[1], und die Ausbildung von Kerntechnikern spielt neben der von Kernphysikern und Kernchemikern eine große Rolle.

Atomwaffen[2].

Das, praktisch gesehen, bedeutungsvollste Resultat der Entwicklung der Kernforschung sind heute noch die militärischen Anwendungen. Einerseits kann man Bomben („Atombomben", vielleicht auch „Wasserstoffbomben") herstellen, in denen Kernreaktionen ablaufen und eine Explosion erzeugen. Die Wirkung derartiger Bomben setzt sich zusammen aus der Druckwelle, der Hitzewelle und dem Effekt der radioaktiven Strahlung[3]. Der letztgenannte Effekt kann evtl. noch enorm gesteigert werden, indem die Bombe mit einem Material, z. B. Kobalt, umgeben wird, das durch Neutronenabsorption ein γ-strahlendes Isotop bildet[4]. — Andererseits können radioaktive Substanzen als Kampfstoffe

---

[1] In den USA verbraucht die Atomindustrie heute schon mehr elektrische Energie als irgendeine andere Industrie.

[2] Vgl. SMYTH [S1], THIRRING [T1], LAURENCE [L3], BETHE [B1], McMAHON [M1], DESSAUER [D3], LEYSON [L12].

[3] Vgl. The Effects of Atomic Weapons [U1].

[4] Vgl. ARNOLD [A1].

verwendet werden, entweder um gewisse Gebiete unbewohnbar zu machen (wozu eine Kontamination mit etwa 1 Curie Spaltprodukte pro Quadratmeter erforderlich ist), oder um das Trinkwasser in den Wasserleitungssystemen von Städten zu vergiften[1]. — Schließlich kann man von Atomkraft getriebene Kriegsfahrzeuge bauen. Bevor ökonomisch arbeitende Atomkraftwerke Wirklichkeit sind, werden voraussichtlich noch weitere 10—20 Jahre Entwicklungsarbeit notwendig sein. Für Zwecke, bei denen ökonomische Gesichtspunkte keine entscheidende Rolle spielen, dürfte dagegen die unerhört konzentrierte Kraftquelle der Atomkerne schon in Kürze zur Anwendung kommen. Ein U-Boot mit Atomkraftantrieb z. B. könnte um die ganze Erde kreuzen ohne irgendwelche Brennstoffsorgen, und da kein Sauerstoff für die Kraftquelle erforderlich ist, so könnte das Boot auch fast beliebig lange, d. h. solange es die Besatzung aushält, unter Wasser bleiben (der für die Menschen erforderliche Sauerstoff kann ja in kondensierter Form mitgeführt werden). Das erste atomkraftgetriebene U-Boot befindet sich in der Tat bereits im Bau.

<h3 style="text-align:center">Atomkraft[2].</h3>

Betrachtet man die Anwendungsmöglichkeiten der Atomenergie für friedliche Zwecke, so können Atomkraftwerke zwei verschiedenen Zwecken dienen. Die in einem Kernreaktor erzeugte Wärme kann entweder direkt für die Beheizung von Wohnhäusern usw. verwendet werden oder für den Antrieb von Wärmemaschinen, welche die Wärme in eine andere Energieform, in erster Linie Elektrizität, umwandeln. Die Überlegenheit der Kernreaktionen gegenüber gewöhnlichen chemischen Reaktionen zur Energieerzeugung liegt vor allem in dem extrem geringen Brennstoffverbrauch und allen damit verbundenen Vorteilen. Ein einziges Gramm Uran entspricht nämlich, falls es mit Hilfe einer Kernkettenreaktion vollständig „verbrannt" werden kann, der Energiemenge, die bei der Verbrennung von 2,5 t Kohle frei wird (vgl. § 181).

Daß aus einer gewichtsmäßig minimalen Brennstoffmenge sehr große Energiebeträge freigemacht werden können, hat natürlich spezielle Vorteile für nichtstationäre Kraftwerke, wie Schiffe, Flugzeuge und Raketen. Für gewöhnliche Flugzeuge herrscht bekanntlich ein enger Zusammenhang zwischen Reichweite, Gewicht und Geschwindigkeit. Will man eine gewisse Geschwindigkeit einhalten, so kann man eine bestimmte Flugstrecke nicht überschreiten, wie groß das Flugzeug auch ist, da ein schwereres Flugzeug auch mehr Brennstoff verbraucht (für eine Geschwindigkeit von 500 km/h liegt die theoretische maximale Reichweite bei rund 20000 km, für 1000 km/h bei etwa 10000 km). Die gleichen

---

[1] Vgl. THIRRING [T 2], RIDENOUR [R 1].
[2] Vgl. GOODMAN [G 1, G 2], SCHURR und MARSCHAK [S 2], HARTLEY [H 22], COCKCROFT [C 4], VOGT [V 1], WESTPHAL [W 17].

Verhältnisse gelten für Raketen. So hat man berechnet, daß eine durch molekülchemische Reaktion angetriebene Rakete niemals eine solche Reichweite bekommen kann, daß sie das Gravitationsfeld der Erde verlassen kann. In allen diesen Fällen bietet also die Atomkraft ganz neue Möglichkeiten. Am ehesten werden sehr wahrscheinlich atomkraftgetriebene Schiffe Wirklichkeit werden. Für ein Land wie z. B. Norwegen mit einer der größten Handelsflotten der Welt, aber ohne Kohle- oder Erdölquellen im Lande könnte eine derartige Entwicklung eine umwälzende Revolution bedeuten.

Bevor ökonomisch arbeitende Atomkraftwerke oder mittels Atomkraft angetriebene Maschinen gebaut werden können, muß noch eine große Zahl technischer Probleme gelöst werden. Vor allem ist es von entscheidender Bedeutung für die Zukunft der Atomkraft, daß das Regenerierungsproblem praktisch gelöst werden kann, d. h. daß auch das Hauptisotop des Urans ,U-238, ausgenutzt werden kann und nicht nur das spaltbare Isotop U-235, welches nur 0,7% des gewöhnlichen Urans ausmacht. Ein regenerativ arbeitender Kraftreaktor muß konstruiert werden als ein Kompromiß zwischen einem Reaktortyp, welcher am günstigsten für die Regenerierung wäre, und einem Reaktortyp mit einer optimalen Konstruktion im Hinblick auf die Wärmeerzeugung und Überführung der Wärme an ein geeignetes Medium, das die Wärme an eine Dampfturbine abgibt[1]. — Ein anderes Problem von entscheidender Bedeutung für die Ökonomie der Atomkraft ist es, daß wirtschaftlich durchführbare Verfahren entwickelt werden, um auch arme Erze mit einem Uran- oder Thoriumgehalt von $^1/_{100}$—$^1/_{1000}$% aufarbeiten zu können. Uran und Thorium sind nämlich durchaus keine seltenen Elemente — Uran ist z. B. etwa ebenso häufig wie Blei oder Zink —, der weitaus überwiegende Teil dieser Elemente findet sich aber in Form sehr armer Erze[2].

Um alle derzeitigen Energiequellen mit „Atombrennstoff" ersetzen zu können, wären rund 1000 t Uran (oder Thorium) pro Jahr erforderlich. Andererseits ist, nach dem was man heute weiß, der Vorrat an abbaufähigem Uran und Thorium von der Größenordnung 1 000 000 t. Rechnet man mit dem jetzigen Energieverbrauch in der Welt und unter der Voraussetzung, daß die obengenannten technischen Hauptprobleme gelöst werden können, so könnte also der Vorrat an Atombrennstoffen ausreichen, um auf etwa 1000 Jahre hinaus alle z. Z. angewandten technischen Energiequellen (Kohle, Öl, Erdgase und Wasserkraft) zu ersetzen.

---

[1] „The high-temperature power breeder reactor, which would utilize substantially all the heat and all the fuel, must be regarded as the logical objective and challenge to the atomic industry in the years immediately ahead", C. G. Suits, Vizepräsident der General Electric; vgl. Chem. Eng. News 29 (1951) 4085.

[2] Vgl. Goodman [G 2], Parks [P 3].

Tatsächlich wird natürlich der Energiebedarf in der Welt weiterhin ganz erheblich steigen. Andererseits wird die Atomkraft natürlich nicht alle anderen Energiequellen verdrängen und ersetzen, sondern sie bestenfalls komplettieren. Insbesondere ist es wahrscheinlich, daß Atomkraftwerke Bedeutung erlangen werden für Industrien mit sehr großem Energieverbrauch, wie z. B. die Aluminiumindustrie, und weiterhin für Gebiete und Länder, wo die Energie sehr teuer ist auf Grund hoher Transportkosten für Kohle oder andere konventionelle Brennstoffe. Ein charakteristischer Vorteil der Atomkraft ist es zudem, daß Atomkraftwerke in unmittelbarer Nähe der Energieverbrauchszentren gebaut werden können ohne Rücksicht auf die belanglosen Kosten für den Brennstofftransport. Ein anderer Vorteil ist der, daß die Produzenten mit praktisch den gleichen Unkosten für die Herstellung der Atomkraft während der gesamten Lebenszeit eines existierenden Atomkraftwerkes rechnen können, da die Investierungskosten für ein derartiges Kraftwerk sehr viel höher sind als die Betriebskosten[1].

Die zukünftigen stationären Atomkraftwerke werden wahrscheinlich für zweierlei Zwecke angewendet werden: Die Industrie wird das Rohmaterial (Uran) vom Staat leihen und die mittels Hochenergiereaktoren erzeugte Wärme verwenden, während der Staat das angewandte Rohmaterial zurückerhält, um daraus Plutonium (als Atombombenmaterial) und die Spaltprodukte zu gewinnen[2].

Isotope.

Das Wort „Atomzeitalter" bedeutet für die meisten Menschen heute nur eine Gedankenverbindung zu Atombomben und anderen Kriegsinstrumenten. Den wahren Inhalt des Wortes sollten doch mehr und

---

[1] Siehe Schurr und Marschak [S 2].

[2] Man kann leicht die Menge der gebildeten Spaltprodukte berechnen: Die Energietönung der Uranspaltungsreaktion ist rund 200 MeV. Je gespaltenes Atom werden also 200 MeV oder $200 \times 4,45 \cdot 10^{-20} = 8,9 \cdot 10^{-18}$ kWh erzeugt. *Eine* Kilowattstunde erhält man also durch $1/8,9 \cdot 10^{-18} = 1,12 \cdot 10^{17}$ Spaltungen. In einem kleinen Kernreaktor von 1 kW geschehen also pro Tag $24 \times 1,12 \cdot 10^{17} = 2,7 \cdot 10^{18}$ Spaltungen. Dies bedeutet, daß $2,7 \cdot 10^{18}$ Uranatome verbraucht werden oder

$$\frac{2,7 \cdot 10^{18} \times 235}{6 \cdot 10^{23}} = 1,05 \cdot 10^{-3} \text{ g Uran.}$$

Somit gilt:

$$1 \text{ kW} \mathrel{\hat{=}} 1 \text{ mg Uran pro Tag.}$$

Ein Atomkraftwerk von 100 000 kW (eine normale Größe; auch Kraftwerke von 10^6 kW dürften projektiert werden) produziert also 100 g Spaltprodukte pro Tag und gleichzeitig (falls der Reaktor regenerativ arbeitet) mindestens ebensoviel Plutonium, d. h. zusammengenommen mehrere hundert Gramm künstlicher, hochradioaktiver Stoffe; die „moderne Alchimie"!

mehr die beiden friedlichen Möglichkeiten für die Ausnutzung der Atomenergie ausmachen, die Atomkraft und die Isotope. Der Bau ökonomisch
arbeitender Atomkraftanlagen ist heute, wie oben geschildert, noch
Zukunftsmusik. Die Produktion und Nutzbarmachung der Isotope,
sowohl der stabilen wie vor allem der radioaktiven, ist dagegen schon
vielversprechende Wirklichkeit. Die Bedeutung dieser Tatsache kann
nicht besser gekennzeichnet werden als mit den Worten SEABORGs [S 3]:
"It is not at all out of the question that the greatest gains to humanity
from the atomic energy development will result from the widespread
use of tracers to solve a multitude of problems rather than from the
harnessing of the power itself." "The future seems to hold unlimited
possibilities for the application of radioactive tracers to scientific
problems. It is certain that the applications made thus far are just the
beginning of what is going to become an extremely large and successful
field of research."

Die prinzipiellen Möglichkeiten für diese Anwendungen radioaktiver Isotope werden den Inhalt des zweiten Kapitels ausmachen,
nachdem im folgenden ersten Kapitel zunächst einige Grundlagen behandelt worden sind.

1. Grundlagen.

10. Einige grundlegende Begriffe und Kerneigenschaften.

Element und Ordnungszahl.

Die heute bekannten 98 Elemente werden bekanntlich im Periodischen System nach steigender Ordnungszahl (Z) geordnet, von Wasserstoff mit $Z = 1$ bis Californium mit $Z = 98$ (Abb. 1*). Die Ordnungszahl Z ist gleich der Anzahl positiver Ladungen des Atomkerns und damit auch gleich der Anzahl negativ geladener Elektronen in der Hülle, die in den neutralen Atomen die Ladung des Atomkerns kompensiert. Jedes Element wird also charakterisiert durch die Ordnungszahl Z, die dem Elementsymbol unten links beigefügt werden kann, z. B. $_1\mathrm{H} = $ Wasserstoff, $_{98}\mathrm{Cf} = $ Californium.

Proton und Neutron.

Alle Atomkerne werden in erster Linie charakterisiert durch die Anzahl der Protonen und Neutronen, die den Kern aufbauen. Das Proton (p) hat eine positive Elementarladung, und die Ordnungszahl Z eines Elementes ist daher gleich der Anzahl Protonen im Kern. Der Kern des Elementes Wasserstoff ($Z = 1$) ist identisch mit dem Proton. Das Neutron (n) ist elektrisch neutral und seine Masse ist ziemlich genau gleich der des Protons. Die Anzahl Protonen + Anzahl Neutronen im Kern bestimmt also die Masse des Kerns. Protonen und Neutronen werden gemeinsam als Nucleonen bezeichnet.

Atomart, Isotop und Isotopie.

Eine Atomart[1] ist eine bestimmte Sorte von Atomen, charakterisiert durch eine typische Konstruktion und einen bestimmten Energieinhalt des Atomkernes, die dieser und nur dieser Atomsorte eigen sind.

Die Begriffe Isotop und Isotopie wurden von SODDY eingeführt. Isotopie nannte er das von ihm und anderen im Zusammenhang mit der Erforschung der natürlich radioaktiven Stoffe entdeckte Phänomen, daß ein und dasselbe Element aus verschiedenen Atomarten zusammengesetzt sein kann. Die Verschiedenheit liegt darin, daß diese Atomarten

---

* Als ausklappbare Tafel am Ende des Buches.

[1] Engl. „nuclide" von nucleus = Kern, und eidos = Sorte, Art; vgl. KOHMAN [K 1].

eine verschiedene Zahl von Neutronen im Kern (und folglich oft verschiedene Stabilitätseigenschaften) haben, während die Anzahl Protonen und damit die Ordnungszahl Z dieselbe ist. Ein Element kann also aus zwei oder mehreren Atomarten bestehen, und diese werden als die Isotope dieses Elementes bezeichnet, da sie alle auf dem Platz des Elementes im Periodischen System stehen, welches der Name ausdrückt (iso = gleich, topos = Platz). So hat z. B. das Element Wasserstoff zwei natürliche Isotope: ^1_1H und ^2_1H (^2_1H = schwerer Wasserstoff oder Deuterium), und das Element Sauerstoff drei natürliche Isotope: $^{16}_8O$, $^{17}_8O$ und $^{18}_8O$. 23 der heute bekannten Elemente sind Reinelemente, z. B. Na, Al, P, J, Au, die übrigen haben bis zu 10 (Sn) stabile Isotope[1].

Isotopengewicht, Massenzahl und Atomgewicht.

Mit Isotopengewicht (M) meint man das Gewicht des betreffenden Isotops eines Elementes (des Atomkerns + der Elektronenhülle) relativ zum Gewicht der Atomart, die den Hauptbestandteil des Sauerstoffs ausmacht und die definitionsgemäß das Isotopengewicht 16,00 ... hat. Die Masseneinheit (ME) in der Isotopengewichtsskala ist also $^1/_{16}$ der Masse dieses Sauerstoffatoms. Da N ^{16}O-Atome (AVOGADROs Zahl N = $6,02 \cdot 10^{23}$) 16 g wiegen, d. h. *ein* ^{16}O-Atom $16/6,02 \cdot 10^{23}$ g, so folgt, daß die atomare Masseneinheit ME gleich $1/6,02 \cdot 10^{23} = 1,66 \cdot 10^{-24}$ g ist.

Diese Definition der Masseneinheit erwies sich als praktisch, da die meisten Isotopengewichte in dieser Weise nahezu ganze Zahlen werden. Man erhält z. B. für das Isotopengewicht des Wasserstoffs 1,0081, für das des Natriums 22,9965. (Hätte man als Einheit die Masse von ^1H gewählt, so wären die Abweichungen von der Ganzzahligkeit größer.) Das ganzzahlig abgerundete Isotopengewicht wird Massenzahl (A) genannt und dem Elementsymbol oben links zugefügt[2], z. B. ^1_1H und $^{23}_{11}Na$. Im Text schreibt man am einfachsten H-1, Na-23, P-32 usw. Die Massenzahl A ist, nach dem oben über Protonen und Neutronen Gesagten, gleich der Anzahl Protonen + Neutronen im Atomkern.

---

[1] Das Wort Isotop wird manchmal fälschlich in Zusammenhängen gebraucht, wo das Wort Atomart allein am Platze ist (z. B. „Die Isotope P-32 und C-14 werden viel in der medizinischen Forschung angewendet"). Ein derartiger mißverständlicher Gebrauch des Wortes Isotop sollte vermieden werden. Der Unterschied zwischen Isotop und Atomart ist analog dem Unterschied zwischen Brüdern und Menschen: Alle Brüder sind Menschen, aber nicht alle Menschen sind Brüder.

[2] Diese Bezeichnungsweise wird von der Internationalen Union für Chemie empfohlen [vgl. Ber. 73 (1940) 53 oder J. Am. Chem. Soc. 63 (1941) 889 und Chem. Eng. News 27 (1949) 2996]. Viele Verfasser schreiben doch die Massenzahl A *rechts* oben an das Symbol, also z. B. $_{11}Na^{23}$.

Das physikalische Atomgewicht eines Elementes ist definiert durch:

$$\sum_{i=1}^{n} y_i M_i = \text{phys. Atomgewicht.} \tag{1}$$

M_i = Isotopengewicht des Isotops i,

y_i = relative Häufigkeit des Isotops i,

n = Anzahl Isotope, die das betreffende Element bilden.

Das Atomgewicht bezieht sich also auf ein Element, während das Isotopengewicht sich auf ein bestimmtes Isotop des Elementes bezieht. Für Reinelemente sind natürlich Atomgewicht und Isotopengewicht identisch.

Die Einheit für die *chemischen* Atomgewichte ist im Gegensatz zur physikalischen Einheit dadurch gegeben, daß die Masse der natürlichen Mischung aller drei Sauerstoffisotope O-16, O-17 und O-18 definitionsgemäß gleich 16,00 . . . gesetzt wird. Mit den besten z. Z. bekannten Daten resultiert als Umrechnungsfaktor:

$$\text{phys. Atomgewicht} = 1{,}000275 \times \text{chem. Atomgewicht.} \tag{2}$$

In Tafel 1 findet man die chemischen Atomgewichte angegeben, im übrigen wird im folgenden immer mit den physikalischen Atom- bzw. Isotopengewichten gerechnet.

Isomere, Isobare und Isotone.

Ein Atomkern ist ein System von Elementarteilchen, das quantenmechanischen Gesetzen gehorcht und das somit in einer Anzahl diskreter Energiezustände existieren kann. Der Zustand mit dem tiefsten Energieinhalt wird Grundzustand genannt. Für die vollständige Definition eines Atomkerns kann es daher notwendig sein, daß man außer A und Z auch angibt, daß der Kern sich in einem bestimmten Energiezustand befindet. Der verschiedene Energieinhalt der Atomkerne kann in verschiedenartigen radioaktiven Eigenschaften, z. B. verschiedenen Halbwertszeiten zum Ausdruck kommen. Zwei Atomarten, die die gleiche Ordnungszahl Z und die gleiche Massenzahl A, aber Atomkerne mit verschiedenem Energieinhalt haben, werden als Isomere bezeichnet.

Zur Unterscheidung zweier Isomerer wird oft ein kleiner Stern an die Massenzahl der Atomart mit dem höheren Energieinhalt gesetzt, z. B. ${}^{*80}_{35}\text{Br}$. Da ein Stern oft auch verwendet wird, um anzuzeigen, daß die betreffende Atomart radioaktiv ist, erscheint es zweckmäßiger stattdessen, nach dem Vorbild von Seaborg und Perlman [S 4] zu schreiben ${}^{80m}_{35}\text{Br}$ (m = metastabil).

Atomarten, die die gleiche Massenzahl A haben, aber verschiedene Ordnungszahlen Z, werden Isobare genannt; z. B. sind die drei Atomarten $^{23}_{12}\text{Mg}$, $^{23}_{11}\text{Na}$ und $^{23}_{10}\text{Ne}$ Isobare. Atomarten, die die gleiche Anzahl Neutronen haben, also den gleichen Wert $A{-}Z$, aber verschiedene Ordnungszahlen, werden Isotone genannt, z. B. $^{18}_{8}\text{O}$, $^{19}_{9}\text{F}$ und $^{20}_{10}\text{Ne}$.

Masse und Energie.

Die Masseneinheit kann auch ausgedrückt werden als Energie. Nach EINSTEINs Relativitätstheorie gilt die fundamentale Beziehung zwischen Energie E und Masse m:

$$E = m\,\mathsf{c}^2 , \tag{3}$$

wo $\mathsf{c} =$ Lichtgeschwindigkeit. Die in der Kernforschung am meisten angewendete Energieeinheit ist $1\,\text{eV} = 1$ Elektronenvolt, d. h. die Energie, die ein Elektron hat nach Beschleunigung durch eine Potentialdifferenz von 1 Volt. Der Zusammenhang mit der Masseneinheit (ME) und mit anderen Energieeinheiten geht aus der Tab. 301 hervor.

Massendefekt und Bindungsenergie.

Das Isotopengewicht für das Wasserstoffisotop H-1 ist $M_\mathrm{H} = 1{,}0081$ und für das Neutron $M_n = 1{,}0089$. Das Isotopengewicht einer Atomart mit der Massenzahl A und der Ordnungszahl Z sollte daher sein:

$$S = 1{,}0081\,Z + 1{,}0089\,(A{-}Z) \approx 1{,}009\,A \tag{4}$$

also etwa $0{,}9\%$ größer als die Massenzahl A. In Wirklichkeit weichen die Isotopengewichte immer viel weniger als $0{,}9\%$ von einer ganzen Zahl ab und sind für mittelschwere Atomarten sogar etwas kleiner als die Massenzahl. Dies bedeutet, daß alle Atomarten einen Massendefekt $\varDelta M$ aufweisen:

$$\varDelta M = S - M, \tag{5}$$

wobei S durch Gl. 4 gegeben ist. Die Neutronen und Protonen in einem Atomkern sind stark gebunden, und um sie zu trennen, gebraucht es Energie. Dieselbe Energie gibt das System ab beim Zusammenfügen der Nucleonen, und dieser Energie entspricht nach Gl. 3 eine bestimmte Masse. Der Massendefekt ist also identisch mit der Bindungsenergie (BE) der Atomkerne[1]. Wird $\varDelta M$ ausgedrückt in Masseneinheiten und BE in Energieeinheiten, so gilt:

$$\varDelta M = -\,BE/\mathsf{c}^2 . \tag{6}$$

---

[1] Die BE der Hüllenelektronen kann vernachlässigt werden.

(Da das zusammengesetzte System weniger Energie hat als die freien Bestandteile, wird BE negativ gezählt.) Sowohl Massendefekt wie Bindungsenergie können angegeben werden in ME oder in MeV. Für die Umrechnung gilt nach Tab. 301:

$$1\ \mathrm{ME} = 931\ \mathrm{MeV}. \tag{7}$$

Der Massendefekt ist nach Gl. 4 ungefähr $0,9\% = 0,009\ \mathrm{ME}$ pro Nucleon, d. h. die Bindungsenergie pro Nucleon:

$$-\frac{BE}{A} = \frac{S - M}{A} \tag{8}$$

ist etwa 8 MeV. Sie variiert aber in charakteristischer Weise mit der Massenzahl A, wie aus Abb. 2 hervorgeht. Die Kurve basiert sich auf die experimentellen, massenspektrographischen Messungen der Isotopengewichte [F1]. Der Verlauf der Bindungsenergiekurve zeigt, daß die mittelschweren Atomkerne am stabilsten sind. Die Kenntnis der fundamental wichtigen Größe BE bzw. der exakten Isotopengewichte ermöglicht einen Einblick in die Kernstruktur

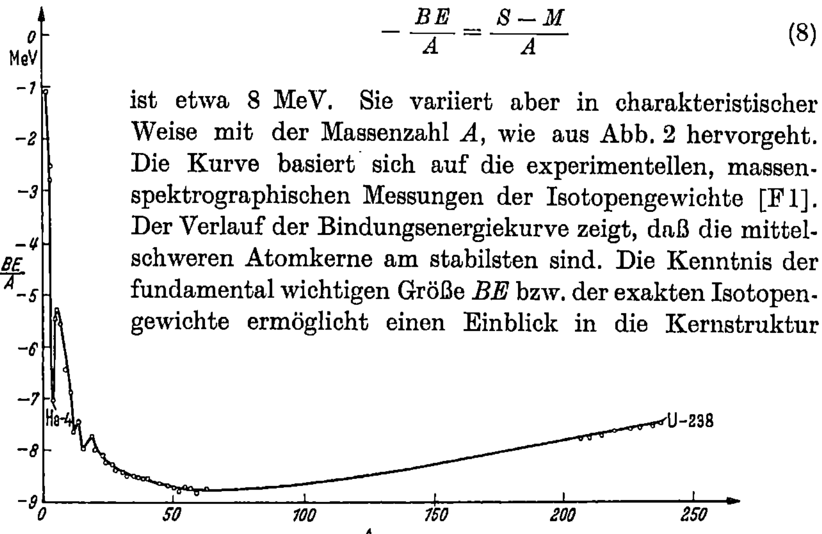

Abb. 10-2 Bindungsenergie pro Nucleon als Funktion der Massenzahl A (nach den Werten der Isotopengewichte in der Tabelle von FLÜGGE und MATTAUCH [F1]).

und eine Berechnung der Energietönung von Kernumwandlungen (§ 12) und Kernreaktionen (§ 181). Umgekehrt können Bindungsenergien aus den experimentell gemessenen Energietönungen berechnet werden. Tab. 1 gibt die Isotopengewichte und daraus nach Gl. 8 berechneten Bindungsenergien pro Nucleon für eine Zahl von Atomarten (vgl. auch [G13]).

Statt der Größe Bindungsenergie pro Nucleon wird oft auch die Differenz zwischen Isotopengewicht und Massenzahl pro Nucleon angewendet:

$$f = \frac{M - A}{A}. \tag{9}$$

Die Größe f wird Packungsanteil genannt.

Tabelle 10-1.

Z	Element	A	Isotopengewicht M	Massendefekt ΔM [mME]	$-BE/A$ [MeV]
0	Neutron	1	1,008939	—	—
1	Wasserstoff.	1	1,008130	—	—
	Wasserstoff.	2	2,01472	2,25	1,05
	Wasserstoff.	3	3,01703	8,98	2,79
2	Helium	3	3,01701	8,19	2,54
	Helium	4	4,00389	30,34	7,07
3	Lithium	7	7,01820	41,95	5,58
4	Beryllium	8	8,00781	60,47	7,04
6	Kohlenstoff	12	12,00386	98,55	7,65
7	Stickstoff	15	15,00490	123,52	7,68
8	Sauerstoff	16	16,00000	136,55	7,95
15	Phosphor	31	30,9835	284,17	8,54
28	Nickel	60	59,9498	564,10	8,76
82	Blei	206	206,0255	1733,0	7,84
88	Radium	226	226,0856	1847,0	7,62
89	Actinium	227	227,0878	1852,7	7,60
90	Thorium	230	230,0945	1872,1	7,50
	Thorium	232	232,1009	1883,7	7,56
91	Protactinium	231	231,0972	1877,6	7,57
92	Uran	234	234,1036	1897,3	7,55
	Uran	235	235,1079	1902,8	7,54
	Uran	238	238,1163	1920,3	7,51

Elementarteilchen und Kernkräfte.

In der folgenden Tab. 2 sind die wichtigsten Eigenschaften der Elementarteilchen zusammengestellt, d. h. derjenigen Einheiten, die man z. Z. als die fundamentalen Bausteine aller Materie, der organischen sowohl wie der unorganischen, betrachtet.

Tabelle 10-2.

Name	Ruhmasse		Elektrische Ladung	Anm.
	ME	Gramm		
Neutron . . .	1,00893	$1,674 \cdot 10^{-24}$	0	⎫ Nucleon
Proton	1,00758	$1,6725 \cdot 10^{-24}$	$+1$	⎭
Negatron . . .	0,000543	$0,9109 \cdot 10^{-27}$	-1	⎫ Elektron
Positron . . .	0,000543	$0,9109 \cdot 10^{-27}$	$+1$	⎭
Neutrino . . .	≈ 0	≈ 0	0	
Antineutrino .	≈ 0	≈ 0	0	
Mesonen . . .	0,05—0,15	—	$+1, 0, -1$	
Photon . . .	0	0	0	Lichtquant

Neutron und Proton werden gemeinsam als Nucleon oder „schweres Elementarteilchen" bezeichnet im Gegensatz zum Elektron, dem „leichten Elementarteilchen". Es ist zweckmäßig (aber nicht allgemein durchgeführt), die bei den radioaktiven Umwandlungsprozessen aus den

Atomkernen ausgestrahlten Elektronen nach dem Vorbild von C. D. ANDERSON als Negatronen bzw. Positronen oder gemeinsam als Betateilchen (β) zu bezeichnen im Gegensatz zu den in der Atomhülle befindlichen Elektronen (ε).

Die Masse des Elektrons ist etwa 1800mal geringer als die des Nucleons. Die in der Tabelle angegebene Masse ist die sog. Ruhmasse (m_0). Bei einer Geschwindigkeit (v), die sich der Lichtgeschwindigkeit nähert, wächst die Masse nach:

$$m = m_0 / \sqrt{1 - (v/c)^2} \, . \tag{10}$$

Den Elementarteilchen muß sowohl Teilchen- als auch Wellennatur zugeschrieben werden. Das Licht wird in der Optik als eine Wellenbewegung behandelt, während z. B. der photoelektrische Effekt fordert, daß man diskrete Lichtquanten einführt. Auf der anderen Seite zeigt ein Strahlenbündel von Elektronen Beugungsphänomene ebenso wie elektromagnetische Strahlung. Diese dualistische Natur der Elementarteilchen ist zwar „unanschaulich", sie ist jedoch keine Hypothese ad hoc, sondern der scheinbare Gegensatz findet seine Auflösung in der Quantenmechanik. Hier sei nur auf folgendes hingewiesen: Wenn Elementarteilchen *definitionsgemäß* die letzten unteilbaren Einheiten sind, so müssen sie prinzipiell strukturlos, d. h. unanschaulich und reine mathematische Begriffe sein. Denn wenn ein Elementarteilchen aufgefaßt werden könnte als eine „sehr kleine Kugel" mit einer bestimmten Struktur und einem bestimmten Volumen, so könnte man ja sofort wieder fragen, was diese Kugel enthält und wie sie aufgebaut ist.

Man hat den Radius der Atomkerne experimentell bestimmen können und dabei gefunden, daß

$$R_0 \approx 1{,}4 \cdot 10^{-13} \, A^{1/3} \, \text{cm} \, . \tag{11}$$

Die äußere Elektronenhülle der Elemente hat dagegen einen Radius von der Größenordnung 10^{-8} cm. Praktisch die ganze Atommasse ist also konzentriert in einem Volumen, das vergleichsweise so groß ist wie ein Stecknadelkopf (1 mm) im Zentrum einer Kugel mit 10 m Durchmesser. Trotz der enormen COULOMBschen Abstoßungskräfte zwischen allen im Kern befindlichen positiv geladenen Protonen werden die Kernbausteine offenbar von gewissen Attraktionskräften zusammengehalten. Daß diese „Kernkräfte" von besonderer und sonst unbekannter Natur sein müssen, wird augenfällig illustriert durch die unvergleichliche Dichte der Kernmaterie: Das Kernvolumen ist nach Gl. 11 von der Größenordnung 10^{-36} cm^3; auf der anderen Seite ist das Gewicht, z. B. für einen mittelschweren Kern mit dem Isotopengewicht 100, von der Größenordnung 10^{-22} g. Die Dichte wird also:

$$\frac{10^{-22}}{10^{-36}} = 10^{14} \, \text{g/cm}^3 \tag{12}$$

was vollständig unvergleichlich ist mit der Dichte der Materie im übrigen. Außer durch ihre unvergleichliche Stärke werden die Kernkräfte charakterisiert durch ihre kurze Reichweite ($\approx 10^{-13}$ cm).

Die bisherigen Theorien der Kernkräfte haben noch keine quantitative Übereinstimmung mit allen empirischen Erfahrungen ergeben[1]. Die Theorie der Elementarteilchen und der Kernkräfte dürfte heute und für längere Zeit das interessanteste und am meisten bearbeitete Feld der Kernphysik sein, und diese Arbeit wird wahrscheinlich zu neuen Entdeckungen führen, die das heutige Bild wesentlich modifizieren (z. B. die Zahl der „Elementarteilchen" voraussichtlich reduzieren) und auch von größter praktischer Bedeutung sein werden.

11. Natürliche und künstliche Radioaktivität.

Unter Radioaktivität versteht man einen Prozeß, bei dem instabile Atomkerne spontan Energie in Form von Strahlung abgeben und dabei in stabile Kerne übergehen. Zur Zeit sind 51 natürlich radioaktive Atomarten bekannt, die 18 verschiedenen Elementen, insbesondere den Elementen 81 (Thallium) bis 92 (Uran) zugehören. Seit 1934 kann man auch radioaktive Atomarten, die in der Natur nicht vorkommen, künstlich herstellen. Gegenwärtig kennt man etwa 600 solcher künstlich radioaktiven Atomarten. Alle diese natürlichen und künstlichen radioaktiven Atomarten wandeln sich — in einem oder mehreren Schritten — in eine der 274 stabilen Atomarten um unter Aussendung verschiedener Strahlung. Man unterscheidet α-, β- und γ-Strahlung. Radium z. B. ist ein α-Strahler, Radiophosphor ein β-Strahler, und γ-Strahlung tritt oft im Zusammenhang mit α- oder β-Umwandlungen auf. In seltenen Fällen werden auch Neutronen bei β-Umwandlungen ausgesendet (z. B. von N-17, Br-87, J-137).

α-**Umwandlung:** Das bei der α-Umwandlung ausgesandte Teilchen ist identisch mit dem Heliumion $^{4}_{2}\mathrm{He}^{++}$. Die Kombination 2 Protonen + 2 Neutronen im Heliumkern ist offenbar eine sehr stabile Anordnung. Bei der α-Umwandlung verringert sich die Ordnungszahl um 2 und die Massenzahl um 4 Einheiten, z. B. beim Radiumzerfall:

$$^{226}_{88}\mathrm{Ra} \rightarrow {}^{222}_{86}\mathrm{Rn} + {}^{4}_{2}\mathrm{He}. \tag{1}$$

β-**Umwandlung:** Unter β-Umwandlung versteht man den radioaktiven Umwandlungsprozeß, bei dem ein negatives oder positives

---

[1] Vgl. BETHE [B 2]. Bezüglich des „Schalenaufbaus" der Atomkerne, der zu größerer Stabilität bei gewissen Neutronen- und Protonenzahlen im Kern führt, vgl. BETHE [B 3], GOEPPERT-MAYER [G 5], HAXEL, JENSEN und SUESS [H 24], BRIGHTSON [B 4].

Elektron den Kern verläßt, z. B.

$$\ce{^{32}_{15}P} \rightarrow \ce{^{32}_{16}S} + \beta^- \tag{2}$$

oder

$$\ce{^{30}_{15}P} \rightarrow \ce{^{30}_{14}Si} + \beta^+. \tag{3}$$

Unter den bekannten *natürlich* radioaktiven Stoffen kommen Positronstrahler nicht vor, jedoch findet man sie häufig unter den künstlich radioaktiven Atomarten. Bei der β-Umwandlung wird die Massenzahl nicht geändert (das Folgeprodukt ist isobar mit dem Ausgangspunkt), hingegen ändert sich die Ordnungszahl um $+1$ bei Negatronaussendung und um -1 bei Positronaussendung.

γ-**Strahlung:** γ-Strahlung ist eine elektromagnetische Strahlung von der Natur des Lichtes, deren Wellenlänge meist noch kürzer ist als die der Röntgenstrahlung. γ-Strahlung tritt dann auf, wenn ein instabiler Atomkern nach der Aussendung eines α- oder β-Partikels sich in einem angeregten Zustand befindet und durch Ausstrahlung von Energie in den Grundzustand, d. h. den stabilsten Zustand, übergeht. Atomarten mit reiner γ-Strahlung, ohne α- oder β-Umwandlung, kommen unter den Isomeren vor, z. B. bei der Umwandlung von Sc-87m

Abb. 1 gibt eine Übersicht über die in der Natur vorkommenden radioaktiven Isotope der Elemente 81—92 und deren genetische Beziehungen. Der Ausgangspunkt in der „Thorium-Reihe" ist das Thoriumisotop Th-232, in der „Actinium-Reihe" das Uranisotop U-235 und in der „Uran-Reihe" das Uranisotop U-238. In der Abbildung sind auch die historischen Symbole aufgenommen, z. B. AcU für U-235, UX_1 für Th-234, ThB für Pb-212 usw. Diese historischen Bezeichnungen und Namen werden heute immer seltener angewendet. Statt dessen bezeichnet man konsequent auch die natürlichen Atomarten auf die gleiche Weise wie die künstlichen, da es natürlich sehr unpraktisch wäre, für alle bekannten etwa 700 Atomarten besondere Namen und Symbole einzuführen[1]; ausgenommen sind aus praktischen Gründen:

D (Deuterium) für H-2		Rn (Radon)	für Em-222
T (Tritium) „ H-3		Tn (Thoron)	„ Em-220
		An (Actinon)	„ Em-219

Als Ordinate ist in Abb. 1 der Neutronenüberschuß, also $A - 2Z$, gewählt. Bei einer α-Umwandlung wird laut Gl. 1 der Neutronenüberschuß nicht geändert und daher wird eine α-Umwandlung in der Tabelle mit einem horizontalen Pfeil gekennzeichnet. Durch Aussendung eines Negatrons wird der Neutronenüberschuß nach Gl. 2 verringert.

---

[1] Die Verwendung der historischen Namen kann in einem Falle sogar zu Mißverständnissen führen: RdAc (Radioactinium) ist kein radioaktives Actiniumisotop, sondern identisch mit Th-227.

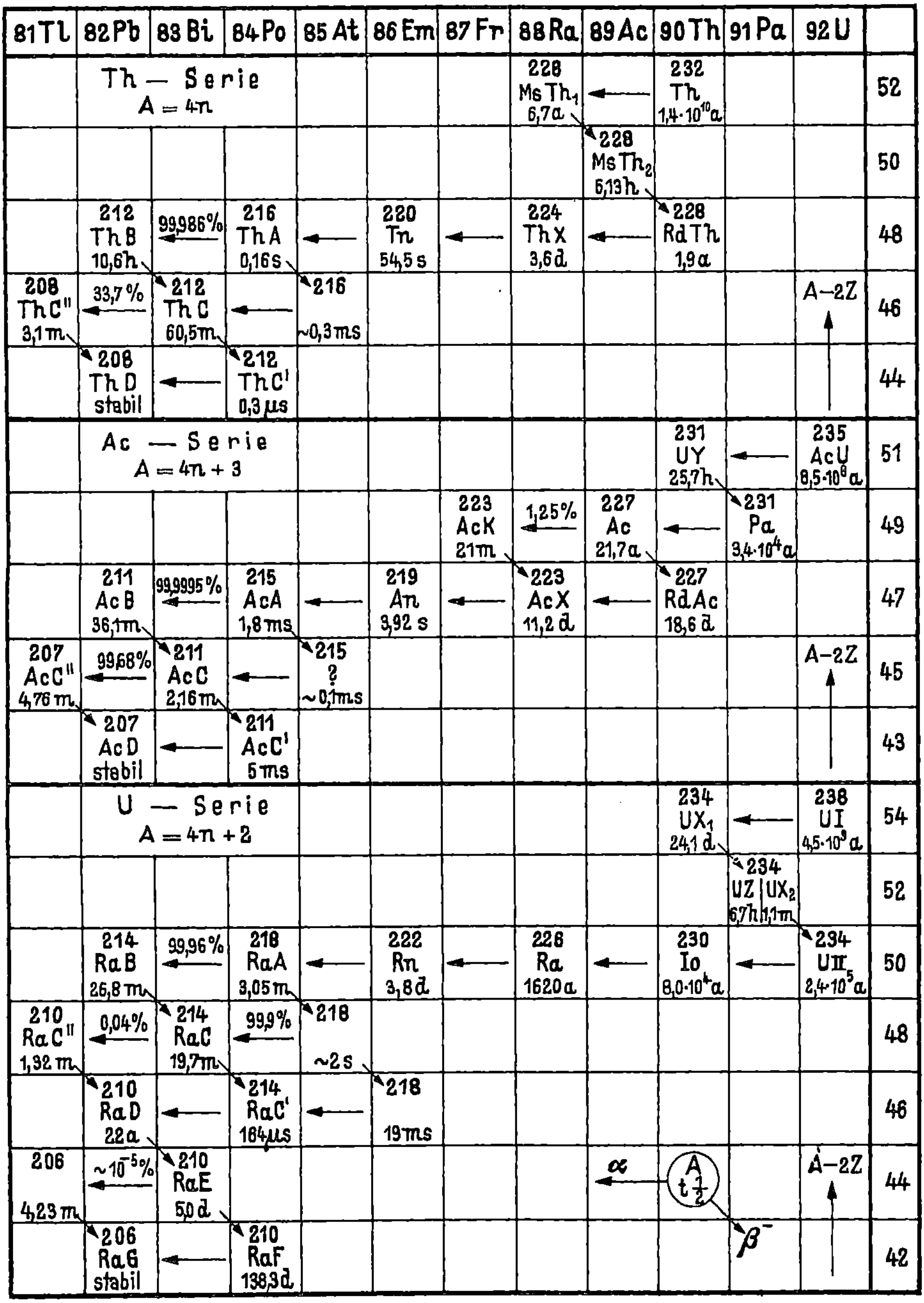

81 Tl	82 Pb	83 Bi	84 Po	85 At	86 Em	87 Fr	88 Ra	89 Ac	90 Th	91 Pa	92 U	
	Th — Serie A = 4n						228 MsTh$_1$ 6,7 a		232 Th $1{,}4\cdot10^{10}$ a			52
								228 MsTh$_2$ 6,13 h				50
	212 ThB 10,6 h	99,986 %	216 ThA 0,16 s		220 Tn 54,5 s		224 ThX 3,6 d		228 RdTh 1,9 a			48
208 ThC'' 3,1 m	33,7 %	212 ThC 60,5 m	216 ~0,3 ms							A−2Z		46
	208 ThD stabil		212 ThC' 0,3 µs									44
	Ac — Serie A = 4n + 3								231 UY 25,7 h		235 AcU $8{,}5\cdot10^8$ a	51
						223 AcK 21 m	1,25 %	227 Ac 21,7 a		231 Pa $3{,}4\cdot10^4$ a		49
	211 AcB 36,1 m	99,9995 %	215 AcA 1,8 ms		219 An 3,92 s		223 AcX 11,2 d		227 RdAc 18,6 d			47
207 AcC'' 4,76 m	99,68 %	211 AcC 2,16 m	215 ? ~0,1 ms							A−2Z		45
	207 AcD stabil		211 AcC' 5 ms									43
	U — Serie A = 4n + 2								234 UX$_1$ 24,1 d		238 UI $4{,}5\cdot10^9$ a	54
										234 UZ | UX$_2$ 6,7 h | 1,1 m		52
	214 RaB 26,8 m	99,96 %	218 RaA 3,05 m		222 Rn 3,8 d		226 Ra 1620 a		230 Io $8{,}0\cdot10^4$ a		234 UII $2{,}4\cdot10^5$ a	50
210 RaC'' 1,32 m	0,04 %	214 RaC 19,7 m	99,9 %	218 ~2 s								48
	210 RaD 22 a		214 RaC' 164 µs	218 19 ms								46
206 4,23 m	~10^{-5} %	210 RaE 5,0 d						α ←	$\left(\dfrac{A}{t\frac12}\right)$	A−2Z		44
	206 RaG stabil		210 RaF 138,3 d						β⁻			42

Abb. 11-1 Die natürlich radioaktiven Familien.

Der β^--Übergang wird daher, wie aus der Abbildung ersichtlich, durch einen Pfeil nach rechts unten angezeigt.

Wie aus der Abbildung hervorgeht, treten manchmal Verzweigungen in den Umwandlungsserien auf. So kann sich z. B. Bi-212 zuerst unter α- und dann unter β-Zerfall oder in umgekehrter Folge umwandeln. Die Wahrscheinlichkeiten für diese konkurrierenden Umwandlungen werden in der Abbildung angegeben. Die β-Transmutationen der hauptsächlich α-strahlenden Atomarten Po-216, Po-218 und At-218 und die α-Umwandlung der hauptsächlich β-strahlenden Atomart Bi-210 wurden erst in den letzten Jahren gefunden. Die stabilen Endprodukte aller drei Zerfallsreihen sind Bleiisotope. Die in Abb. 1 angegebenen Halbwertszeiten (vgl. § 13) für die Atomarten mit verzweigten Umwandlungsketten sind identisch mit den tatsächlich beobachteten summarischen Halbwertszeiten $t_{\frac{1}{2}}$. Statt dessen können auch die zu jedem Prozeß (α- bzw. β-Umwandlung) zugehörigen Halbwertszeiten $t_{\frac{1}{2}\alpha}$ und $t_{\frac{1}{2}\beta}$ angegeben werden, wobei

$$\frac{1}{t_{\frac{1}{2}}} = \frac{1}{t_{\frac{1}{2}\alpha}} + \frac{1}{t_{\frac{1}{2}\beta}} \, . \tag{4}$$

12. Energetik radioaktiver Umwandlungen.

Warum wandeln sich radioaktive Atomarten um? Eine kurze, qualitative Antwort auf diese Frage erhält man aus folgendem. Kernreaktionen sind wie alle Naturerscheinungen dem Energieprinzip unterworfen. Ursache einer spontanen Kernumwandlung

$$A \rightarrow B + b + Q \tag{1}$$

ist also, daß der totale Energieinhalt der Reaktionsprodukte $(B + b)$ geringer ist als der Energieinhalt des Ausgangskernes (A). Bei den Atomarten ist das Isotopengewicht ein Maß für ihren Energieinhalt. Daher ist die Energietönung Q einer Umwandlung laut Gl. 1:

$$Q = M_A - (M_B + M_b) \, . \tag{2}$$

Bei negativem Q ist eine spontane Kernumwandlung unmöglich.

Statt mit den Isotopengewichten M zu rechnen, wendet man oft mit Vorteil den Massendefekt ΔM an. Nach Gl. 10-5 kann man also auch schreiben:

$$Q = (\Delta M_B + \Delta M_b) - \Delta M_A \, . \tag{3}$$

Die Energietönung ist gleich der Differenz zwischen der Summe der Massendefekte der Folgeprodukte und dem Massendefekt der Ausgangsatomart.

Ein System, bestehend aus einem P-32-Kern, enthält nach dem Gesagten und Gl. 11-2 offenbar mehr Energie als ein System, bestehend aus einem S-32-Kern und einem freien Elektron. Es existiert daher eine gewisse Wahrscheinlichkeit dafür, daß ein P-32-Kern in der Zeiteinheit unter Aussendung eines Negatrons in einen S-32-Kern übergeht.

Wenn aber diese Kernumwandlung einen Energiegewinn zur Folge hat, so kann man sich fragen, warum sich nicht alle P-32-Kerne sofort umwandeln. Offenbar ist ein positiver Q-Wert zwar notwendig, aber nicht hinreichend, um eine Kernumwandlung sofort vonstatten gehen zu lassen. Dies hängt damit zusammen, daß atomare Systeme nicht in jedem beliebigen, sondern nur in bestimmten diskreten Energiezuständen existieren können. Wie groß die Wahrscheinlichkeit für die Einstellung des energetisch stabileren Zustandes ist, d. h. mit welcher Halbwertszeit sich die β-instabile Atomart umwandelt, läßt sich heute theoretisch angenähert vorausberechnen.

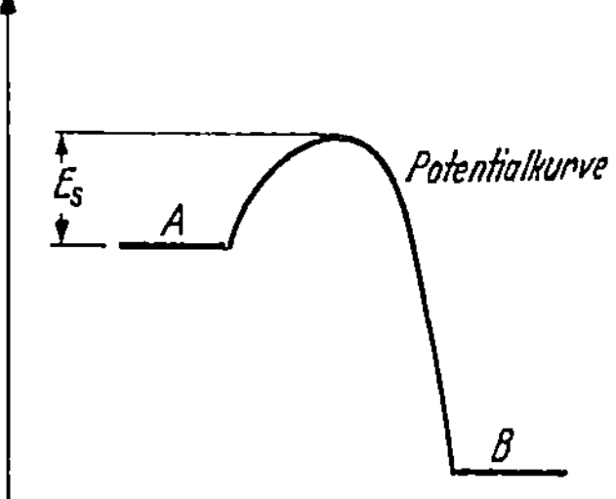

Abb. 12-1. Schematische Darstellung des Potentialberges und der Schwellenenergie E_s beim Übergang vom Zustand A in den stabileren Zustand B.

Auch für α-Umwandlungen gilt, daß ein positiver Q-Wert notwendig, aber nicht hinreichend für eine sofortige Kernumwandlung ist. Abb. 1 zeigt schematisch zwei Zustände A und B mit verschiedenem Energieinhalt. Für einen Übergang von A nach B muß die Energieschwelle zwischen diesen Zuständen überwunden werden. E_s wird als Schwellenenergie bezeichnet. Diese Schwellenenergie kann aus der Höhe des den Atomkern umgebenden Potentialwalles berechnet werden.

13. Geschwindigkeit von Kernumwandlungen.

130. Einfache Umwandlung.

Nach der Frage, warum Kernumwandlungen stattfinden, ist die für die praktische Arbeit mit radioaktiven Atomarten besonders wichtige Frage nach der Geschwindigkeit von Kernumwandlungen zu behandeln.

Die spontanen Kernumwandlungen sind statistische Prozesse. Für *einen* bestimmten Atomkern ist es nicht möglich, vorauszusagen, innerhalb welcher Zeitspanne er sich umwandeln wird. Man kann lediglich eine Umwandlungswahrscheinlichkeit pro Zeiteinheit angeben. Eine große Anzahl radioaktiver Atome derselben Art hat hingegen eine bestimmte und charakteristische Umwandlungsgeschwindigkeit. Wie die Erfahrung lehrt, ist die Anzahl der in der Zeiteinheit transmutierenden Atome $(-dN/dt)$ von allen äußeren Faktoren wie Druck, Temperatur, chemischem Bindungszustand usw. unabhängig[1]. Die Erfahrung zeigt

---

[1] Bei der K-Umwandlung (s. § 150) besondes von leichten Elementen kann man doch einen Einfluß des chemischen Bindungszustandes erwarten. Ein solcher wurde auch beim Be-7 beobachtet (vgl. SEGRÉ et al. [S 7], BENOIST et al. [B 5]).

weiterhin, daß die Umwandlungswahrscheinlichkeit für alle Atome einer Atomart gleich groß ist, d. h. daß die Anzahl $- dN/dt$ in jedem Zeitmoment proportional der Anzahl der in diesem Zeitmoment vorhandenen Atome N ist. Diese empirische Tatsache wird mathematisch ausgedrückt durch den Differentialansatz:

$$- dN/dt = \lambda N \tag{1}$$

N = Anzahl vorhandener Atome, t = Zeit, λ = Proportionalitätsfaktor, hier Zerfalls- oder besser Umwandlungskonstante genannt. (Derselbe Differentialansatz gilt bekanntlich für die Geschwindigkeit von chemischen Reaktionen erster Ordnung, z. B. die Reaktion $N_2O_5 \rightarrow N_2O_3 + O_2$ oder die Inversion von Rohrzucker.) Nach Gl. 1 ist:

$$\lambda = \frac{- dN/dt}{N} \, . \tag{1a}$$

Die Umwandlungskonstante λ gibt also *den Bruchteil* der sich in der Zeiteinheit umwandelnden Atome an.

Bezeichnet man die Anzahl der im Zeitpunkt $t = 0$ vorhandenen Atome mit N_0, so folgt aus Gl. 1 durch Integration:

$$N_t = N_0 \, e^{-\lambda t} = N_0 \exp\left(- \lambda t\right)$$

oder
$$\ln \frac{N_t}{N_0} = - \lambda t \, . \tag{2}$$

In einem halblogarithmischen Diagramm mit $\ln N_t/N_0$ als Ordinate und t als Abszisse erhält man also eine Gerade mit negativer Neigung. Unter *Halbwertszeit* $(t_{\frac{1}{2}})$ versteht man die Zeit, innerhalb der eine beliebige Menge einer radioaktiven Atomart zur Hälfte umgewandelt ist. Es ist also $t = t_{\frac{1}{2}}$ für $N_t = N_0/2$, womit man nach Gl. 2 erhält:

$$t_{\frac{1}{2}} = \frac{\ln 2}{\lambda} = \frac{0{,}693}{\lambda} \tag{3}$$

und
$$N_t = N_0 \, e^{-0{,}693\, t/t_{\frac{1}{2}}} = N_0 \, 2^{-t/t_{\frac{1}{2}}} \, . \tag{4}$$

Für $t = t_{\frac{1}{2}}$ ist also $N_t = 50\%$, für $t = 2\, t_{\frac{1}{2}}$ ist $N_t = 25\%$; nach 5 Halbwertszeiten ist $N_t = 3{,}12\%$, nach 7 Halbwertszeiten $0{,}78\%$ und nach 10 Halbwertszeiten $0{,}10\%$ der Ausgangsmenge N_0. Die tatsächlich vorkommenden Halbwertszeiten sind für verschiedene Atomarten sehr verschieden und liegen für die gegenwärtig bekannten Atomarten zwischen 10^{-7} und 10^{17} s.

Unter mittlerer Lebensdauer $t_{e}^{\frac{1}{}}$ versteht man die Zeit nach der $N_t = N_0/e$ ist. Die mittlere Lebensdauer ist somit die Zeit, innerhalb der eine gegebene Aktivität auf den Wert $1/e$ bzw. 37% absinkt. Laut Gl. 2 wird:

$$t_{\frac{1}{e}} = 1/\lambda \,. \tag{5}$$

Die Kenntnis von $t_{\frac{1}{2}}$ oder λ ermöglicht es, die Gewichtsmenge zu errechnen die einer gewissen Radioaktivität $- dN/dt$ entspricht. Da die Zahl vorhandener Atome $N = \mathsf{N}\, G/M$, wobei $\mathsf{N} = $ AVOGADROs Zahl, $G = $ Gewichtsmenge und $M = $ Isotopengewicht ist, so erhält man nach Gl. 1:

$$G = \frac{M}{\mathsf{N}} \cdot \frac{- (dN/dt)}{\lambda} \,. \tag{6}$$

Wird G in Gramm ausgedrückt, $- dN/dt = A$ in Millicurie (§ 16) und λ in s^{-1}, so erhält man:

$$G = 6{,}146 \cdot 10^{-17}\, \frac{MA}{\lambda} = 8{,}875 \cdot 10^{-17}\, MA\, t_{\frac{1}{2}}\ [\text{g}] \,. \tag{6a}$$

Mit Hilfe dieser Gleichung sind die in Tab. 20-4 angeführten Gewichtsmengen einiger Radioisotope berechnet.

131. Langlebige Muttersubstanz.

Es sei nun der Fall zweier in genetischem Zusammenhang stehender radioaktiver Atomarten betrachtet. Die Muttersubstanz A möge sich so langsam umwandeln, daß ihre Menge innerhalb der Versuchszeit praktisch nicht abnimmt. Die Tochtersubstanz B möge hingegen relativ kurzlebig sein (z. B. ^{226}Ra $\xrightarrow{1620\ \text{a}}$ ^{222}Rn $\xrightarrow{3{,}82\ \text{d}}$). Gefragt wird nach der Zeitfunktion für die Bildung von B aus A.

Das Problem kann folgendermaßen formuliert werden: Die in der Zeiteinheit *gebildete* Menge der Tochtersubstanz ist nach Gl. 1 der Menge der Muttersubstanz direkt proportional, also $= \lambda_A A$. Gleichzeitig wandelt sich die Tochtersubstanz um, und zwar ist die in der Zeiteinheit *verschwindende* Menge proportional der in jedem Zeitmoment vorhandenen Menge, also $= \lambda_B B$. Der resultierende Zuwachs der Tochtersubstanz ist also gleich der sich in der Zeiteinheit bildenden minus der in der Zeiteinheit verschwindenden Menge:

$$\frac{dB}{dt} = \lambda_A A - \lambda_B B \,. \tag{7}$$

Da A nach Voraussetzung konstant ist, erhält man bei der Integration:

$$B_t = A\, \frac{\lambda_A}{\lambda_B}\, [1 - \exp(- \lambda_B t)] \,. \tag{8}$$

Für große t-Werte ($t \gg t_{\frac{1}{2}B}$) erreicht diese Funktion einen konstanten Grenzwert:

$$B_\infty = A\, \frac{\lambda_A}{\lambda_B} \,. \tag{9}$$

Gl. 8 kann daher auch geschrieben werden:

$$B_t = B_\infty \left[1 - \exp\left(- \lambda_B\, t\right)\right]. \tag{10}$$

B_∞ ist der stationäre Wert oder Gleichgewichtswert von B. Wie ein Vergleich von Gl. 3 mit Gl. 10 und Abb. 1 zeigt, wird dieses Gleichgewicht mit derselben Geschwindigkeit erreicht, mit der die isolierte Tochtersubstanz wieder verschwindet. Wenn also radioaktives Gleichgewicht herrscht, so bedeutet dies, daß in der Zeiteinheit genau so viele Atome B

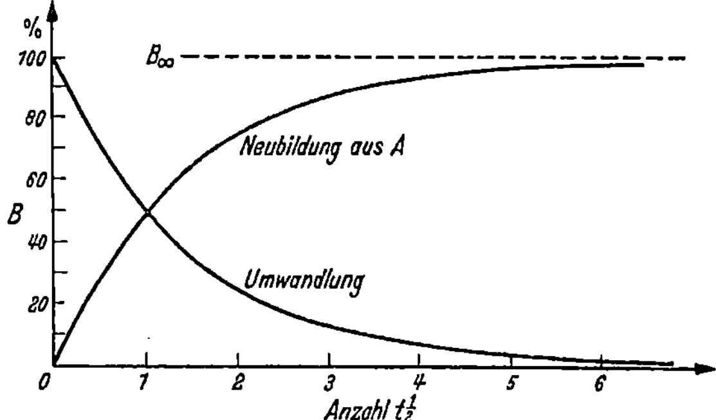

Abb. 13-1 Neubildung aus einer praktisch konstanten Muttersubstanz und Abklingung der isolierten Tochtersubstanz.

zerfallen, wie aus der Muttersubstanz nachgebildet werden. Gl. 9 kann mit Gl. 4 auch geschrieben werden:

$$\frac{B_\infty}{A} = \frac{t_{\frac{1}{2}B}}{t_{\frac{1}{2}A}}. \tag{9a}$$

Diese Gleichung besagt, daß im radioaktiven Gleichgewicht sich die Zahl der Atome zweier in genetischem Zusammenhang stehenden Atomarten genau so verhalten wie ihre Halbwertszeiten. In einer Reihe von mehreren genetisch gekoppelten Atomarten bestimmt die längste Halbwertszeit die Geschwindigkeit, mit der sich das Gleichgewicht für die ganze Serie einstellt (in Analogie mit der chemischen Reaktionskinetik, wo ebenfalls der langsamste Teilprozeß die Reaktionsgeschwindigkeit des Systems bestimmt).

Herrscht Gleichgewicht, so kann man nach Gl. 9a die relativen Mengen, die im Gleichgewicht stehen, berechnen. Will man beispielsweise die Menge Ra berechnen, die in einem Uranmineral pro Kilogramm Uran enthalten ist, so kann man nach Gl. 9a folgende Gleichung aufstellen ($t_{\frac{1}{2}\text{Ra}} = 1{,}62 \cdot 10^3$ a und $t_{\frac{1}{2}\text{U}} = 4{,}51 \cdot 10^9$ a):

$$\text{Ra}_\infty = \frac{1{,}62 \cdot 10^3}{4{,}51 \cdot 10^9}\, 10^3\, \frac{226}{238} = 0{,}34 \cdot 10^{-3}\ \text{Gramm}.$$

Der Faktor 226/238 berücksichtigt, daß eine Anzahl Ra-Atome um diesen Faktor leichter ist als die gleiche Zahl von U-Atomen.

Eine wichtige Folgerung des eben Erörterten ist, daß man die unbekannte Menge einer radioaktiven Substanz durch Messung ihres Umwandlungsproduktes bestimmen kann, z. B. den U-Gehalt einer Probe durch Messung von Pa-234 oder den Ra-Gehalt einer Substanz durch Messung der gebildeten Emanation, vorausgesetzt, daß radioaktives Gleichgewicht herrscht. Um entscheiden zu können, ob diese Voraussetzung erfüllt ist, muß man die Halbwertszeiten kennen und außerdem die Zeitspanne, die das System ungestört sich selbst überlassen war. Der Gleichgewichtszustand muß jedoch nicht unbedingt abgewartet werden, sondern man kann statt dessen die Aktivität des Systems mehrmals messen und daraus nach Gl. 10 die stationäre Aktivität berechnen: Stellt man diese Gleichung einmal für den Zeitpunkt t_1 und einmal für t_2 auf, so erhält man, wenn $t_2 - t_1$ mit Δt bezeichnet wird:

$$B_\infty = \frac{B_{t_2} - B_{t_1}}{1 - \exp\left(-\lambda_B \Delta t\right)} + B_{t_1} \,. \tag{11}$$

132. Relativ kurzlebige Muttersubstanz.

Sind die Halbwertszeiten der Mutter- und Tochtersubstanz nicht wesentlich verschieden, d. h. nimmt die Menge der Muttersubstanz während der Nachbildung der Tochtersubstanz merklich ab (z. B. $^{212}\text{Pb} \xrightarrow{10,6\,\text{h}} {}^{212}\text{Bi} \xrightarrow{60,5\,\text{m}}$), so erhält man folgenden Zusammenhang. Wie oben gilt auch hier der Differentialansatz der Gl. 7:

$$dB/dt = \lambda_A A - \lambda_B B \quad \cdot$$

jedoch ist diesmal A nicht konstant, sondern eine Funktion der Zeit nach Gl. 4. Mithin ist:

$$\frac{dB}{dt} = \lambda_A A_0 \exp\left(-\lambda_A t\right) - \lambda_B B \,.$$

Für $B_0 = 0$ erhält man als Lösung für diese Differentialgleichung[1]:

$$B_t = A_0 \frac{t_{\frac{1}{2}B}}{t_{\frac{1}{2}A} - t_{\frac{1}{2}B}} \left[\exp\left(-\lambda_A t\right) - \exp\left(-\lambda_B t\right)\right] \,. \tag{12}$$

Nach Gl. 12 kann man die Aktivität der Tochtersubstanz B für jeden beliebigen Zeitpunkt berechnen, wenn die Menge der Muttersubstanz A_0 zu Zeit $t = 0$ (wo $B_0 = 0$) bekannt ist. Folgendes Beispiel sei angeführt: Exponiert man ein negativ geladenes Metallblech in einer Tn-Atmosphäre, so sammeln sich (vgl. Abb. 11-1) die gebildeten Atome des Umwandlungsproduktes Pb-212 (ThB) und dessen Tochtersubstanz Bi-212 (ThC) auf dem Blech. Exponiert man 7 Halbwertszeiten lang, so herrscht praktisch radioaktives Gleichgewicht zwischen Pb-212 und seinen Folgeprodukten. Mißt man nun die Radioaktivität des Bleches als Funktion

---

[1] Ist $B_0 \neq 0$, so kommt in Gl. 12 noch das Glied $+ B_0 \exp\left(-\lambda_B t\right)$ hinzu.

der Zeit, so erhält man eine Aktivitätsabnahme mit der längsten Halbwertszeit, in diesem Falle also eine Kurve mit einer Halbwertszeit
von 10,6 h. Ist hingegen das Gleichgewicht gestört — z. B. dadurch, daß
man nach der Exposition einen Teil des Bleiisotops mit HNO_3 weglöst,

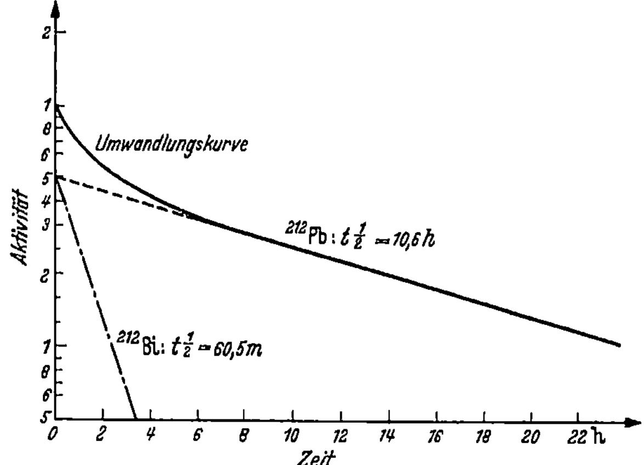

Abb. 13-2. Umwandlungskurve für Bi-212 (ThC) bei gestörtem Gleichgewicht mit Pb-212 (ThB); Bi-212 im Überschuß.

wobei praktisch das gesamte Bi ungelöst bleibt —, so ist ein Überschuß
der kurzlebigen Atomart vorhanden und man erhält eine Aktivitätskurve
wie in Abb. 2. (Dasselbe Bild ergibt sich auch, wenn zwei Atomarten

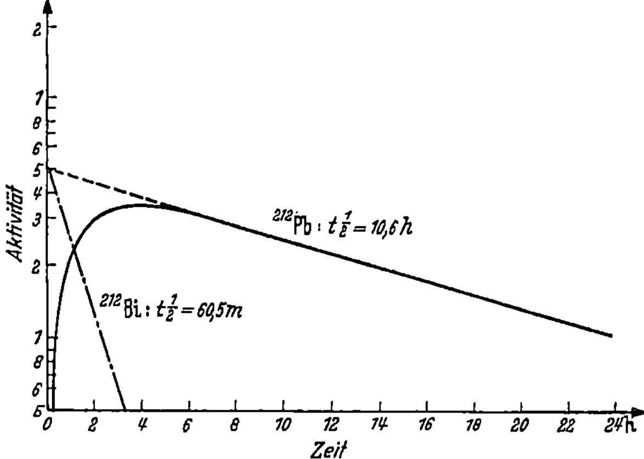

Abb. 13-3. Nachbildung von Bi-212 (ThC) aus Pb-212 (ThB).

verschiedener Halbwertszeit vorliegen, die in keinem genetischen Zusammenhang miteinander stehen.) Ist dagegen die Tochtersubstanz mit
der kürzeren Halbwertszeit zunächst im Unterschuß, so erhält man einen
Kurvenverlauf wie in Abb. 3.

Zeichnet man, wie in Abb. 2 und 3, den Abstand zwischen der gemessenen Kurve und der zur Ordinate reextrapolierten ein, so erhält man die Halbwertszeit für die kurzlebigere Atomart. Auf diese Weise kann man komplexe Umwandlungskurven, auch solche von mehr als zwei Atomarten, analysieren, vorausgesetzt, daß die Halbwertszeiten sich genügend voneinander unterscheiden. Dagegen kann man mit Hilfe derartiger Messungen nicht entscheiden, welche Halbwertszeit zu der Muttersubstanz und welche zu der Tochtersubstanz gehört. Der Aktivitätsverlauf bleibt derselbe, gleichgültig, ob die Muttersubstanz die längere und die Tochtersubstanz die kürzere Halbwertszeit besitzt oder umgekehrt.

Ist die Halbwertszeit der Muttersubstanz hinreichend länger als die der Tochtersubstanz, so verschwindet für große t-Werte der Ausdruck $\exp\,(-\,\lambda_B t)$ neben $\exp\,(-\,\lambda_A t)$ in der eckigen Klammer der Gl. 12 und man erhält:

$$B_t = A_0 \frac{t_{\frac{1}{2}B}}{t_{\frac{1}{2}A} - t_{\frac{1}{2}B}}\ \exp\,(-\,\lambda_A t)\quad (\text{für } t > t_{\frac{1}{2}A} > t_{\frac{1}{2}B}). \qquad (13)$$

Für große t-Werte resultiert hiernach eine Umwandlungskurve mit der Halbwertszeit der Muttersubstanz, wie auch aus den Abb. 2 und 3 hervorgeht. Ist dieser Zustand erreicht, so hat sich das sog. *laufende* radioaktive Gleichgewicht eingestellt. Mit diesem Ausdruck soll der Gegensatz zu dem oben genannten Gleichgewichtszustand nach Gl. 9 hervorgehoben werden, welcher sich zwischen einer langlebigen Muttersubstanz und einem Folgeprodukt einstellt und den man als *dauerndes* radioaktives Gleichgewicht bezeichnet.

Durch Substitution von A_0 in Gl. 13 mit Gl. 4 erhält man $B_t = A_t$ $t_{\frac{1}{2}B}/(t_{\frac{1}{2}A} - t_{\frac{1}{2}B})$ oder:

$$\frac{B_t}{A_t} = \frac{t_{\frac{1}{2}B}}{t_{\frac{1}{2}A}}\ \frac{t_{\frac{1}{2}A}}{t_{\frac{1}{2}A} - t_{\frac{1}{2}B}}\quad (\text{für } t > t_{\frac{1}{2}A} > t_{\frac{1}{2}B}). \qquad (14)$$

Ein Vergleich der Gl. 9a und 14 zeigt, daß die Menge der Tochtersubstanz (B_t) im laufenden Gleichgewicht $t_{\frac{1}{2}A}/(t_{\frac{1}{2}A} - t_{\frac{1}{2}B})$mal größer ist als die Menge im dauernden Gleichgewicht. Im dauernden Gleichgewicht verhalten sich also die Anzahlen der Atome von Mutter- und Tochtersubstanz wie ihre Halbwertszeiten. Bei laufendem Gleichgewicht ist dagegen dieses Mengenverhältnis zugunsten der Tochtersubstanz verschoben, der Abfall der Tochtersubstanz hinkt hinter dem der Muttersubstanz um einen schließlich konstanten Betrag nach. Je größer $t_{\frac{1}{2}A}$ im Verhältnis zu $t_{\frac{1}{2}B}$ ist, desto kleiner wird der Unterschied zwischen Gl. 14 und 9a, und wenn $t_{\frac{1}{2}A} \gg t_{\frac{1}{2}B}$, so stellt sich dauerndes Gleichgewicht ein.

133. Mutter- und Tochtersubstanz mit ähnlichen Halbwertszeiten.

Abschließend sei der Fall betrachtet, daß die Halbwertszeiten und damit die e-Potenzen in Gl. 12 von ähnlicher Größe sind. Je ähnlicher $t_{\frac{1}{2}A}$ und $t_{\frac{1}{2}B}$ sind, um so größer muß die Zeit t sein, damit die eine e-Potenz gegen die andere vernachlässigt werden kann. Dies bedeutet, daß es länger dauert, bis man eine Aktivitätskurve erhält, die mit der Halbwertszeit der langlebigen Atomart abnimmt. Für die Analyse einer komplexen Umwandlungskurve durch Extrapolation des geraden Kurventeils (vgl. Abb. 2 und 3) muß man also länger warten, wenn die Halbwertszeiten ähnlich sind. Die Differenz zwischen den Potenzen in Gl. 12 kann umgeformt werden zu:

$$\exp\left(-\lambda_B t\right) - \exp\left(-\lambda_A t\right) = \exp\left(-\lambda_A t\right)\left[1 - \exp\left(\lambda_A t - \lambda_B t\right)\right]. \quad (15)$$

Soll die Abweichung von der Halbwertszeit der A-Atomart geringer sein als beispielsweise 5%, so gilt also:

$$\exp\left(\lambda_B t - \lambda_A t\right) < 0{,}05 \quad \text{oder} \quad t\left(\frac{1}{t_{\frac{1}{2}B}} - \frac{1}{t_{\frac{1}{2}A}}\right) > 4{,}3.$$

Die erforderliche Wartezeit wird daher:

$$t > \frac{4{,}3}{\dfrac{1}{t_{\frac{1}{2}B}} - \dfrac{1}{t_{\frac{1}{2}A}}}.$$

Drückt man die Wartezeit t als Vielfaches der Halbwertszeit der langlebigeren Atomart aus, so erhält man schließlich:

$$\frac{t}{t_{\frac{1}{2}A}} > 4{,}3\,\frac{t_{\frac{1}{2}B}}{t_{\frac{1}{2}A} - t_{\frac{1}{2}B}} \quad (\text{Fehler} < 5\%). \quad (16)$$

Soll die Abweichung kleiner als 1% sein, so ist der Faktor 4,3 in Gl. 16 auf 6,6 zu erhöhen.

Die Kenntnis dieser Zusammenhänge ist eine notwendige Voraussetzung für die richtige Deutung experimenteller komplexer Aktivitätskurven. Unter den Spaltprodukten des Urans nach der Bestrahlung mit langsamen Neutronen befindet sich z. B. ein Jodisotop mit einer Halbwertszeit von 6,6 h. Durch β-Umwandlung geht dieses in ein Xenonisotop über:

$$^{135}_{53}\text{J} \xrightarrow{\beta^-\ 6{,}6\,\text{h}} {}^{135}_{54}\text{Xe} \xrightarrow{\beta^-\ 9{,}4\,\text{h}} {}^{135}_{55}\text{Cs}\,.$$

Hat man nach der Bestrahlung eine gewisse Menge J-135 abgetrennt und mißt nun die Aktivität des aus dem Jod nachgebildeten Xenongases, so erhält man die in Abb. 4 wiedergegebene Aktivitätskurve, die der Gl. 12 entspricht. Die Kurve zeigt, daß selbst nach 6 Halbwertszeiten der langlebigeren Atomart man noch immer nicht die Halbwertszeit von 9,4 h beobachtet, sondern eine langsamere Umwandlung, und dies, obgleich hier die beiden Halbwertszeiten immerhin noch recht verschieden sind. Würde man in gewöhnlicher Weise reextrapolieren und daraus die Halbwertszeit bestimmen, so würde man ein falsches Resultat erhalten. Aus Gl. 16 geht hervor, daß man in diesem Falle mindestens 10 bzw. 15 Halbwertszeiten lang warten muß, um den Fehler kleiner als 5 bzw. 1 % zu halten.

Für die Praxis ist es wertvoll, auch die Gleichung zur Hand zu haben für die Berechnung der Zeit t_m, zu welcher die maximale Aktivität in

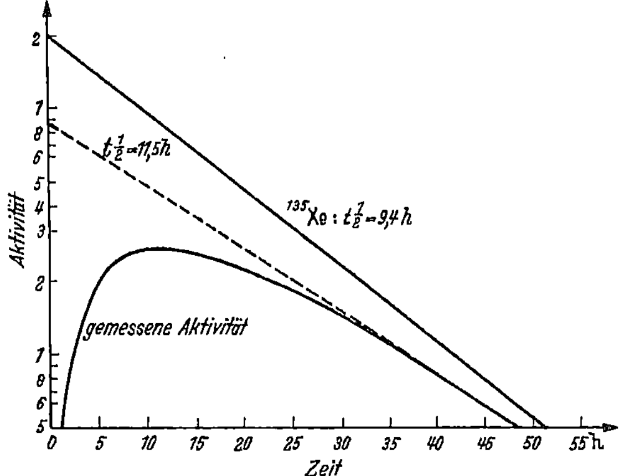

Abb. 13-4. Nachbildung von Xe-135 (9,4 h) aus J-135 (6,6 h).

Aktivitätskurven von der Art wie in den Abb. 3 und 4 erreicht wird. Differenziert man die Gl. 12 nach t, so erhält man:

$$t_m = 3{,}3 \, \frac{t_{\frac{1}{2}A} \, t_{\frac{1}{2}B}}{t_{\frac{1}{2}B} - t_{\frac{1}{2}A}} \log \frac{t_{\frac{1}{2}B}}{t_{\frac{1}{2}A}} \, . \tag{17}$$

14. Alpha-Strahler.

140. Alpha-Umwandlung.

α-Umwandlung kommt vor allem bei relativ schweren Atomarten vor. Der leichteste z. Z. bekannte α-Strahler ist $^{152}_{62}$Sm, eine Atomart, die sich in der Natur findet und eine sehr lange Halbwertszeit ($\sim 10^{11}$ a) besitzt. Weitere 30 natürliche α-Strahler finden sich in den drei natürlichen radioaktiven Familien (Abb. 11-1). Weiterhin sind z. Z. einige 70 künstliche α-Strahler bekannt, die den Elementen der seltenen Erden und den Elementen $_{79}$Au bis $_{98}$Cf angehören.

Die Halbwertszeiten der α-Strahler variieren innerhalb außerordentlich weiter Grenzen, nämlich von $3 \cdot 10^{-7}$ s für Po-212 (ThC) bis $4{,}4 \cdot 10^{17}$ s für Th-232.

Außer durch ihre Halbwertszeiten werden alle radioaktiven Atomarten durch die Energietönung Q bei der Umwandlung charakterisiert (vgl. § 12). Für α-Strahler ist diese Energie gleich der Summe aus der kinetischen Energie E_α des ausgesandten α-Teilchens und der kinetischen Energie, die der Restkern mit der Massenzahl A-4 durch den Rückstoß erhält. Da der Restkern nach dem Impulssatz den gleichen Impuls erhält wie das α-Teilchen mit der Massenzahl 4, ist somit:

$$Q = E_\alpha + \frac{4\,E_\alpha}{A\text{-}4} = E_\alpha\,\frac{A}{A\text{-}4}\,. \tag{1}$$

E_α variiert bei den bekannten α-Strahlern zwischen 2,4 MeV für Sm-147 und 8,78 MeV für Po-212[1]. Einige α-Strahler senden außer der Hauptgruppe noch eine oder mehrere α-Gruppen mit etwas höherer oder tieferer Energie aus. Bi-212 (ThC) z. B. zeigt folgende α-Gruppen:

$$\begin{aligned}
E_\alpha &= 5{,}46\ \text{MeV} \quad (<0{,}1\%) \\
&= 5{,}60 \quad ,, \quad (1{,}10\%) \\
&= 5{,}62 \quad ,, \quad (0{,}16\%) \\
&= 5{,}76 \quad ,, \quad (1{,}80\%) \\
&= 6{,}04 \quad ,, \quad (69{,}8\%) \\
&= 6{,}08 \quad ,, \quad (27{,}2\%)
\end{aligned}$$

In allen Fällen, wo E_α geringer ist als 6,08, muß der Folgekern Tl-208 in einem angeregten Zustand gebildet werden, der in den Grundzustand durch Aussendung von einem oder mehreren γ-Quanten übergeht.

Ein qualitatives Verständnis dafür, daß α-Strahler gerade unter den schwereren Atomarten zu finden sind, gibt die Bindungsenergiekurve (Abb. 10-2). Für schwere Atomkerne nimmt die Bindungsenergie pro Kernteilchen deutlich ab, d. h. die Kerne werden weniger stabil. Für die schwersten Atomarten hat $- BE/A$ abgenommen bis auf etwa 7,5 MeV, für 4 Teilchen also zusammengenommen auf rund 30 MeV. Auf der anderen Seite werden bei der Bildung von einem α-Teilchen aus zwei Protonen und zwei Neutronen etwa 28 MeV freigemacht. Für schwere Kerne kann es also einen kleinen Energiegewinn bedeuten, ein α-Teilchen auszusenden. Eine quantitative Erklärung für die meisten im Zusammenhang mit α-Umwandlung beobachteten Phänomene gibt eine Theorie für die α-Umwandlung, die von GAMOW (vgl. [G3]) ausgearbeitet wurde.

141. Alpha-Absorption.

Wie die Photographie von α-Bahnen in einer WILSON-Kammer (vgl. [G4]) zeigt, haben alle α-Partikel, die von einem α-Strahler

---

[1] Über die Zusammenhänge zwischen α-Energie einerseits und Halbwertszeit sowie Massenzahl andererseits vgl. PERLMAN, GHIORSO und SEABORG [P8], PERLMAN [P9].

ausgesendet werden, praktisch die gleiche Reichweite (Abb. 1). Alle Partikel verlassen also den Kern mit derselben Energie. Die ionisierende Wirkung ist sehr kräftig, jedes α-Teilchen liefert längs seiner in Luft einige

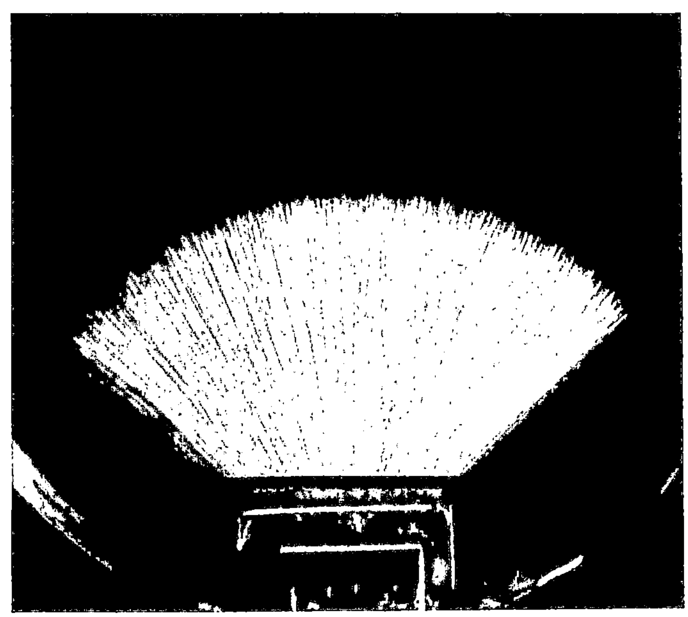

Abb. 14-1. Photographie der Ionisationsspuren von α-Teilchen in einer WILSON-Kammer (aus PHILIPP [P2]).

Zentimeter langen Bahn größenordnungsmäßig 10^5 Ionenpaare. Dabei wird die Energie des Teilchens aufgebraucht, so daß es jenseits seiner Reichweite als gewöhnliches Heliumatom mit thermischer Energie vorliegt. Die Bahnen verlaufen meist geradlinig ohne irgendwelche Richtungsänderungen. Dies beruht auf der relativ großen Masse der α-Partikel gegenüber der Masse der Elektronen in der Hülle der getroffenen Atome. Nur in sehr seltenen Fällen wird ein Atomkern getroffen, wobei dann in der WILSON-Photographie eine scharfe Richtungsänderung zu erkennen ist (Abb. 2).

Die Reichweite von α-Teilchen kann außer mit der WILSON-Kammer auch in der Weise bestimmt werden, daß man die Ionisation als Funktion des Abstandes von Präparaten mißt. Für Po-210 wurde die Kurve 3 in

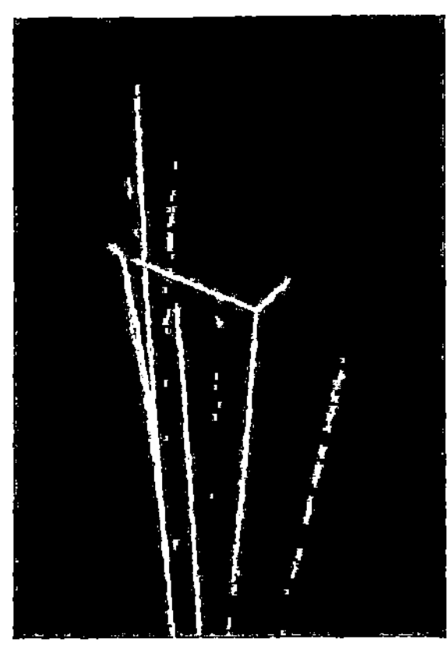

Abb. 14-2. WILSON-Photographie der Reflektion eines α-Teilchens an einem Sauerstoffkern(aus RUTHER-FORD, CHADWICK und ELLIS [R2]).

Abb. 3 gemessen. Die Ionisation hat also ein Maximum kurz vor dem
Ende der Bahn. Dies sieht man leicht ein, wenn man gleichzeitig die
Kurven 1 und 2 der Abb. 3 betrachtet. Die Anzahl der Partikel ist fast
über die ganze Bahn konstant, ein Zeichen für die geringe Streuung.

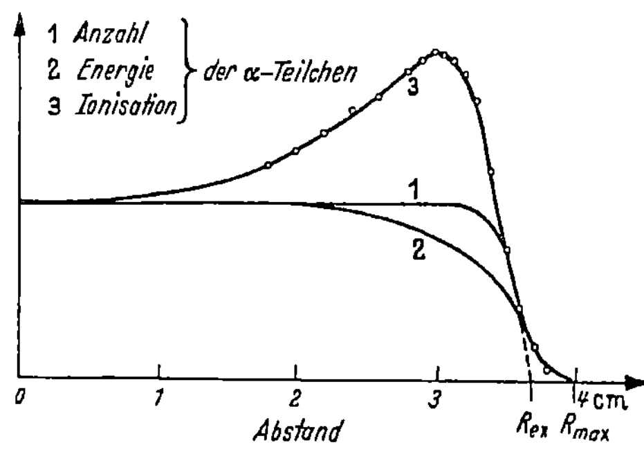

Abb.14-3. Kurve 1: Anzahl der α-Teilchen; Kurve 2: ihre
Geschwindigkeit; Kurve 3: die gemessene Ionisation
als Funktion des Abstandes (Po-210).

Die Geschwindigkeit und mithin die Energie nimmt zu-
nächst langsam, dann immer
schneller ab. Je langsamer die
Teilchen werden, um so mehr
werden sie gebremst. Der
Energieverlust und damit die
ionisierende Wirkung wird also
im letzten Teile ihrer Bahn besonders groß. Die Reichweite
von Po-210 beträgt nach Abb.3
rund 3,7 cm. Der „Schwanz"
der Kurve zu höheren Reichweiten hin kommt durch etwas
verschiedene Streuung der α-Teilchen zustande, also dadurch, daß die
verschiedenen α-Teilchen auf ihrer Bahn mit einer größeren oder kleineren
Zahl von Atomen zusammenstoßen. An Stelle des Wertes R_{ex}, dem

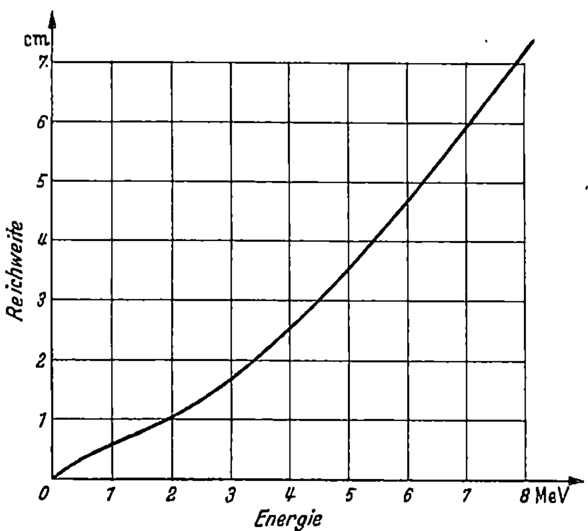

Abb.14-4. α-Reichweite in Luft(NTP) als Funktion der α-Energie (nach HOLLOWAY u. LIVINGSTON [H2]).

Schnittpunkt zwischen der extrapolierten Kurve und der Abszisse, kann
die maximale Reichweite R_{max}, hier = 3,95 cm, angegeben werden.

    Die Reichweite der α-Partikel ist natürlich ein Maß für ihre
Energie, der Zusammenhang ist jedoch nicht linear. In Abb. 4 ist

der Zusammenhang zwischen α-Energie und Reichweite in Luft NTP wiedergegeben [1].

Die Reichweite in Luft ist, wie man aus Abb. 4 ersieht, einige Zentimeter. Feste Materie bremst α-Teilchen sehr effektiv, z. B. werden selbst die energiereichsten α-Teilchen von einem festen Blatt Papier absorbiert. Allgemein kann der Zusammenhang zwischen Reichweite und α-Energie folgendermaßen formuliert werden:

$$R = C\, E_\alpha^n\, 1/\varrho\, \overline{M/B}. \tag{1}$$

Dabei ist C eine Konstante, während der Potenzfaktor n zwischen 0,75 und 2 variiert. ϱ ist die Dichte der absorbierenden Substanz (z. B. für Luft $1{,}29 \cdot 10^{-3}$ g/cm³, für Al 2,70 g/cm³), M das Atomgewicht der Substanz und B ihr Bremsvermögen nach Abb.5. Das Bremsvermögen (Energieverlust pro mg/cm² Schicht) hängt allerdings genau genommen etwas von der Energie der α-Strahlung ab; für praktische Zwecke genügt jedoch Abb. 5. Für Aluminium z. B. ist $M=27{,}0$ und $B=1{,}4$, also $M/B=19{,}3$. Für mehratomige Substanzen wird der Mittelwert $\overline{M/B}$ so berechnet, daß man die Summe von M/B für alle Atome im Molekül nimmt und diese Summe durch die Anzahl der Atome im Molekül dividiert. Für Glimmer $(K_2O \cdot 3\,Al_2O_3 \cdot 6\,SiO_2 \cdot 2\,H_2O)$ z. B. erhält man $\overline{M/B} = 38{,}2$. Die Konstante C in Gl. 1 muß durch Normierung eliminiert werden. Ist etwa die Reichweite in Luft bekannt (Abb. 4), so kann die Reichweite dieses α-Strahlers in einem anderen Material nach Gl. 1 mittels folgender Gleichung berechnet werden:

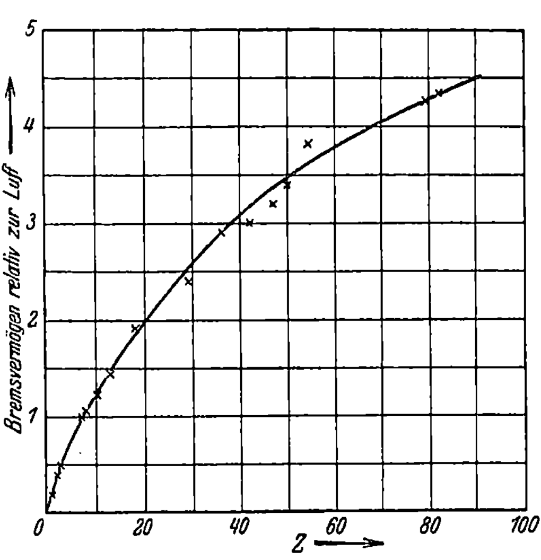

Abb. 14-5. Bremsvermögen der Elemente relativ zur Luft für α-Teilchen (nach LIVINGSTON und BETHE [L1]).

$$\frac{R_\text{Luft}}{R_x} = \frac{(\overline{M/B})_\text{Luft}}{(\overline{M/B})_x}\, \frac{\varrho_x}{\varrho_\text{Luft}}. \tag{2}$$

Da $(\overline{M/B})_\text{Luft} = 14{,}7$ und $\varrho_\text{Luft} = 1{,}29 \cdot 10^{-3}$ g/cm³, erhält man

$$R_x = 0{,}878 \cdot 10^{-4}\, \frac{(\overline{M/B})_x}{\varrho_x}\, R_\text{Luft}. \tag{2a}$$

---

[1] Für genauere Werte s. LANDOLT-BÖRNSTEIN [L2] S. 315.

Beispiel: Für Po-212 (ThC) ist $E_\alpha = 8{,}78$ MeV und $R_{\mathrm{Luft}} = 8{,}9$ cm. Nach Gl. 2a ist dann die Reichweite von Po-212 in Aluminium $R_{\mathrm{Al}} = 55\,\mu$. Da, wie gesagt, das Bremsvermögen etwas von der α-Energie abhängt, sind derartige nach Gl. 2 berechnete Reichweiten nur angenähert richtig.

15. Beta-Strahler.

150. Beta-Umwandlung.

Die natürlich radioaktiven Familien (Abb. 11-1) umfassen 22 Atomarten, die teilweise oder reine Negatronstrahler sind. Weiterhin hat man bisher 5 natürliche β-aktive Atomarten gefunden, die 5 verschiedenen leichteren Elementen angehören (K, Rb, Nd, Lu, Re; vgl. Tafel 10-1). Schließlich kann man auf künstlichem Wege eine große Anzahl, bisher etwa 400, Negatron- und Positronstrahler herstellen. Im Gegensatz zu den α-Strahlern verteilen sich die β-Strahler über das ganze periodische System. Die Halbwerts-

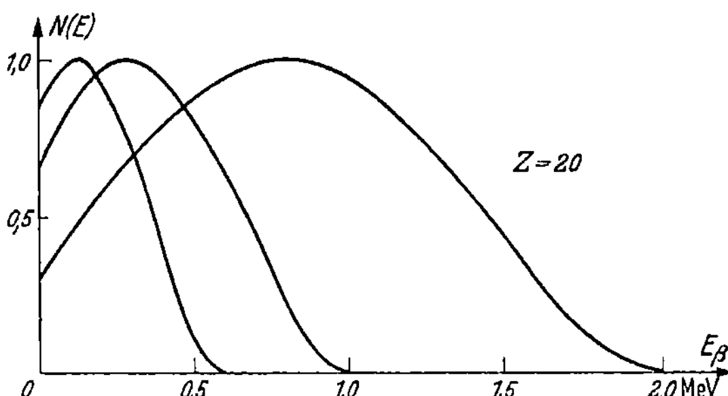

Abb. 15-1. Nach FERMIS Theorie für einen Kern mit $Z = 20$ berechnete einfache β-Spektren für drei verschiedene Maximalenergien (zur Verfügung gestellt von Dr. A. FLAMMERSFELD).

zeiten variieren, wie bei den α-Strahlern, innerhalb weiter Grenzen, von Millisekunden (z. B. B-12) bis zu 10^{12} Jahren (Re-187).

Das, was die β-Umwandlungen am meisten auszeichnet und ihnen eine Sonderstellung gegenüber anderen atomaren Vorgängen gibt, ist die Tatsache, daß die Energie der emittierten Elektronen eine kontinuierliche Verteilung besitzt zwischen Null und einer Maximalenergie E_{max}, die für die betreffende Atomart charakteristisch ist. E_{max} variiert zwischen größenordnungsmäßig $^1/_{100}$ MeV (Nd-150, H-3) und 10 MeV (B-12, N-16). Abb. 1 zeigt das Aussehen einfacher β-Spektren.

Führen alle β-Umwandlungen einer Atomart zum selben Zustand der Tochtersubstanz, so spricht man von einem *einfachen Spektrum*. Der Atomkern kann aber als quantenmechanisches System in diskreten Zuständen mit verschiedenen Energieinhalten existieren. Es kann somit vorkommen, daß der bei einer β-Umwandlung gebildete Tochterkern sich in einem über dem Grundzustand liegenden angeregten Zustand befindet. Ein solcher Zustand des Tochterkernes ist instabil, und der Kern geht unmittelbar unter Abstrahlung der Anregungsenergie in Form eines oder mehrerer γ-Quanten in den Grundzustand über. In derartigen Fällen folgt also der β-Umwandlung eine γ-Strahlung. Einen derartigen

Verlauf pflegt man durch Umwandlungsschemata wie in Abb. 2 wieder-zugeben[1]; das Prinzip der Darstellung geht aus der Abbildung hervor. Bei der β-Umwandlung ist der Zahlenwert der Maximalenergie angegeben.

Die Verhältnisse können weiterhin kompliziert werden, falls die β-Umwandlung auf verschiedenartige Weise erfolgen kann, d. h. falls die Umwandlungen teilweise zu einem Tochterkern mit der Anregungsenergie E_1 und teilweise zu einem Kern mit der Anregungsenergie E_2 usw. führen. Man erhält dann ein *komplexes β-Spektrum*, das durch Überlagerung von verschiedenen einfachen Spektra gebildet wird. Abb. 3 zeigt ein Beispiel eines Umwandlungsschemas für ein solches komplexes Spektrum (Mn-56) und die Aufteilung in seine Komponenten.

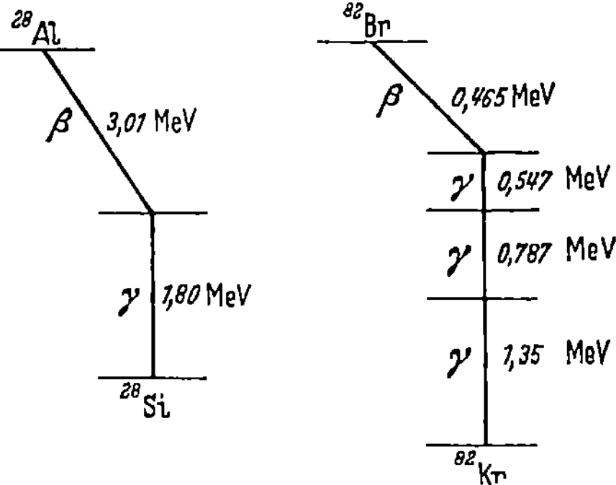

Abb. 15-2. Kernniveauschemata für die Umwandlung von Al-28 (2,3 m) und von Br-82 (36 h) (nach BLEULER und ZÜNTI bzw. ROBERTS, DOWNING und DEUTSCH; vgl. [L2]).

Die Existenz des Positrons wurde schon 1930 von DIRAC auf Grund theoretischer Überlegungen vorausgesagt. Entdeckt wurde es dann 1932 von C. D. ANDERSON unter den sekundären Partikeln der kosmischen Strahlung. Später gelang es auch, eine große Anzahl positronstrahlender

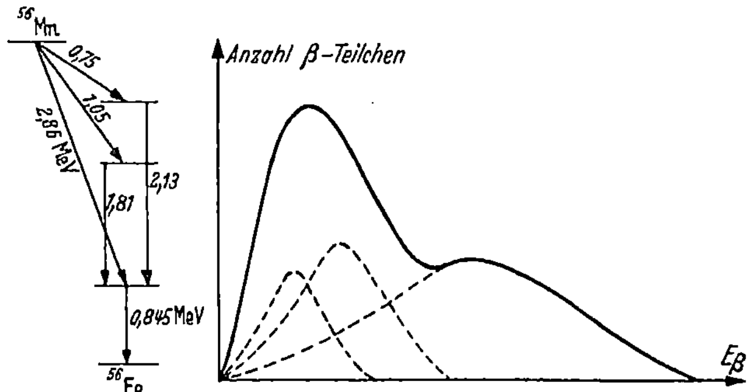

Abb. 15-3. β-Spektrum und Kernniveauschema für Mn-56 (nach SIEGBAHN; vgl. [L2]).

Atomarten künstlich herzustellen. Die Positronstrahlung wird durch die gleiche Phänomenologie charakterisiert wie die Negatronstrahlung, insbesondere weisen auch die Positronstrahler ein kontinuierliches Spektrum auf.

---

[1] Alle z. Z. zuverlässig bekannten Umwandlungsschemata findet man in LANDOLT-BÖRNSTEIN [L2] S. 205 f.

Anstatt ein Positron auszusenden, können gewisse Atomkerne alternativ ein Elektron aus der Atomhülle einfangen, was im Endeffekt dasselbe Resultat ergibt, nämlich einen Folgekern mit einer Ladung, die um eine positive Einheit geringer ist, z. B.:

$$\ce{^{37}_{18}A} + \varepsilon_K \rightarrow \ce{^{37}_{17}Cl}.$$

Da das eingefangene Elektron im allgemeinen aus der dem Kern nächstbelegenen K-Schale kommt, wird dieser Prozeß als K-Einfang bezeichnet.

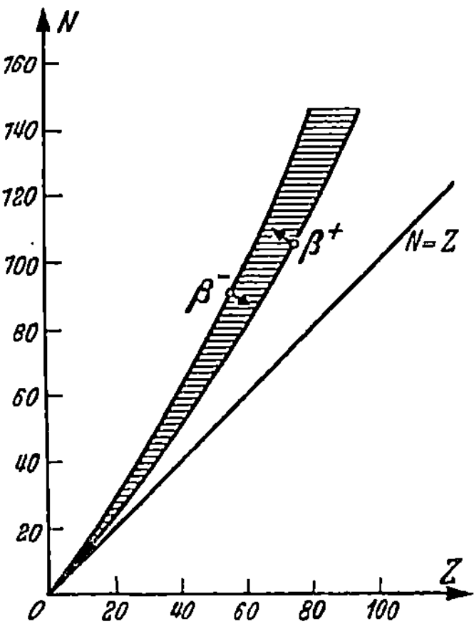

Abb. 15-4. Anzahl Neutronen als Funktion der Anzahl Protonen in stabilen Kernen.

Wie aus obiger Reaktionsgleichung hervorgeht, wird beim K-Einfang kein beobachtbares Teilchen ausgesandt. Der Prozeß kann vielmehr nur beobachtet werden durch die Röntgenstrahlung, die ausgesandt wird, wenn das „Loch" in der K-Schale durch äußere Elektronen wieder ausgefüllt wird. Da dies *nach* der Kernumwandlung geschieht, so sind es die für das Folgeprodukt charakteristischen Röntgenlinien, die beobachtet werden.

Untersucht man das Verhältnis von Protonen zu Neutronen in den bekannten stabilen Atomkernen, so findet man für die Zahl der Neutronen als Funktion der Anzahl Protonen die in Abb. 4 wiedergegebene Kurve. Für die leichtesten Kerne ist die Zahl der Neutronen und Protonen gleichgroß, mit wachsender Ordnungszahl beobachtet man aber einen immer größeren Neutronenüberschuß. Zwischen den positiv geladenen Protonen im Kern bestehen die Coulombschen Abstoßungskräfte, und um ein solches System stabil zu machen, müssen offenbar Neutronen hinzukommen. Zwischen allen Nucleonen im Kern herrschen dann starke Anziehungskräfte, die die Abstoßungskräfte zwischen den Protonen überkompensieren. Je größer die Zahl der Protonen im Kern ist, desto größer muß, im großen gesehen, der Neutronenüberschuß sein, damit die Kernkräfte gegenüber der Coulombschen Abstoßung zwischen den Protonen überwiegen. Gelingt es auf irgendeine Weise, künstlich einen Atomkern herzustellen mit noch größerem Neutronenüberschuß, als dem (in Abb. 4 schraffierten) Stabilitätsgebiet entspricht, so wird dieser Kern aber wieder instabil und strebt danach, seinen Neutronengehalt zu verringern. Dies geschieht in der Weise, daß ein Neutron im Kern in ein Proton übergeht, wobei ein Negatron ausgestrahlt wird:

$$\ce{^{1}_{0}n} \rightarrow \ce{^{1}_{1}p} + \beta^{-}. \tag{1}$$

Ein Kern, der sich auf der anderen Seite des Stabilitätsgebietes befindet und folglich einen Neutronenunterschuß besitzt, wird dagegen bestrebt sein, den relativen Neutronengehalt zu erhöhen. Dies geschieht in der Weise, daß sich ein Proton in ein Neutron umwandelt, wobei ein Positron auftritt:

$$\text{$_1^1$} p \rightarrow \text{$_0^1$} n + \beta^+. \tag{2}$$

Die Gl. 1 und 2 sind natürlich nur als eine erste Näherung zu betrachten, die eine bequeme Beschreibung der in Wirklichkeit unanschaulichen Verhältnisse ermöglicht. (Insbesondere ist es klar, daß man diese Umwandlungsgleichungen nicht sukzessiv anwenden darf; man könnte ja dann scheinbar durch fortgesetzte gegenseitige Umwandlung von einem Neutron und einem Proton ad infinitum Negatronen und Positronen erschaffen.)

Ob sich ein gegebener, β-instabiler Atomkern durch β^--Emission, β^+-Emission oder K-Einfang umwandelt, hängt davon ab, welcher dieser Prozesse energetisch günstiger ist. Oftmals sind die verschiedenen Umwandlungswege energetisch so gleichwertig, daß die Umwandlungswahrscheinlichkeiten sehr ähnlich werden. Viele radioaktive Atomarten sind daher sowohl β^+- wie K-Strahler oder β^-- und β^+-Strahler oder zeigen sogar alle drei Umwandlungsarten gleichzeitig.

151. Beta-Absorption

Wenn man das Bild von β-Bahnen in einer Wilson-Kammer (Abb. 5) mit dem Bild der α-Bahnen (Abb. 14-1) vergleicht, so stellt man deutliche Unterschiede fest. Zunächst einmal ist die Ionisation der β-Partikel nicht so dicht. Ein α-Partikel von beispielsweise 1 MeV Energie erzeugt nämlich etwa 60000 Ionenpaare pro Zentimeter Luft (NTP), ein β-Partikel der gleichen Energie dagegen nur 90 Ionenpaare pro Zentimeter. Die Ionisationswirkung von β-Partikeln verschiedener Energien geht aus Abb. 6 hervor. Weiterhin zeigen alle β-Bahnen eine starke Streuung der ionisierenden Partikel. Dies erklärt sich natürlich daraus, daß die β-Teilchen Elektronen sind, also die gleiche Masse wie die Elektronen der Atomhüllen haben. Bei β-Strahlung muß man folglich unterscheiden zwischen der Verminderung der Partikel*energie* durch Ionisationswirkung und der Verminderung der Partikel*anzahl* in einer gewissen Richtung.

Der Durchgang von β-Teilchen durch Materie ist demnach ein komplexer Prozeß, wobei in der Hauptsache folgende Punkte zu beachten sind:

1. Wenn β-Partikel mit den Elektronenhüllen der Absorberatome in Wechselwirkung treten, so vermindert sich der Energiegehalt pro β-Partikel durch Anregung oder Ionisation der getroffenen Atome. In Übereinstimmung hiermit wird die β-Strahlung, ebenso wie die

α-Strahlung, durch eine maximale Reichweite charakterisiert. Der Energieverlust pro Zusammenstoß zeigt jedoch große statistische Schwankungen zwischen Null und der Totalenergie des β-Teilchens. Infolgedessen wird die Streuung in der Reichweite bedeutend breiter, als es für α-Partikel der Fall ist. Die maximale Reichweite ist daher sehr schwer bestimmbar. Die Funktion, welche die Anzahl β-Partikel bestimmt, die eine gewisse Absorberdicke durchschreiten, nähert sich für kleine Teilchenzahlen nur sehr langsam Null.

β-Teilchen können außerdem beim Durchdringen von Materie durch Aussenden von sog. Bremsstrahlung Energie verlieren. Hierunter versteht man die kontinuierliche Röntgenstrahlung, welche ausgesendet wird, wenn ein β-Partikel die Nähe eines Atomkerns durchläuft und in Wechselwirkung mit dem elektrischen Feld desselben tritt. Bei β-Energien unterhalb einiger MeV ist dieser Prozeß von geringer Bedeutung im Vergleich mit der Anregung und Ionisation; die Bremsstrahlung starker radioaktiver Präparate ist jedoch bei Absorptionsmessungen von Bedeutung.

2. Auch die Anzahl der β-Partikel im Strahlenbündel verändert sich stark auf Grund der Streuung. Dies führt dazu, daß die Geometrie

Abb. 15-5. Photographie der Ionisationsspuren von β-Teilchen (von B-12 in einer WILSON-Kammer mit angelegtem Magnetfeld) (nach BAYLEY und CRANE [B18]).

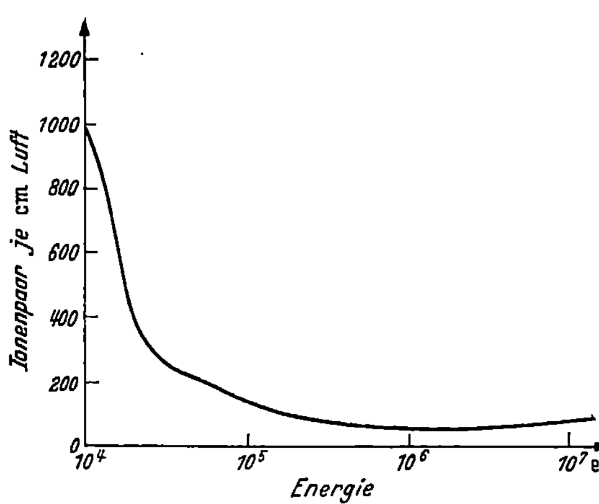

Abb. 15-6. β-Ionisation in Luft als Funktion der β-Energie (nach GENTNER et al. [G4]).

der Meßanordnung, besonders die Abstände zwischen Präparat, Absorbermaterial und Detektor, auf die gemessene Aktivität einwirkt. Die im Detektor beobachtete Ionisationswirkung ist infolge von „Rückstreuung" auch von dem Material, auf welchem die Strahlenquelle ruht, und der Dicke desselben abhängig.

3. Schließlich werden die Verhältnisse bei der β-Absorption dadurch kompliziert, daß die β-strahlenden Atomarten keine homogene Strahlung, sondern ein kontinuierliches Spektrum von Energien zwischen Null und der oberen Grenzenergie E_{max} aussenden. Das Strahlenbündel ist also schon von Anfang an inhomogen.

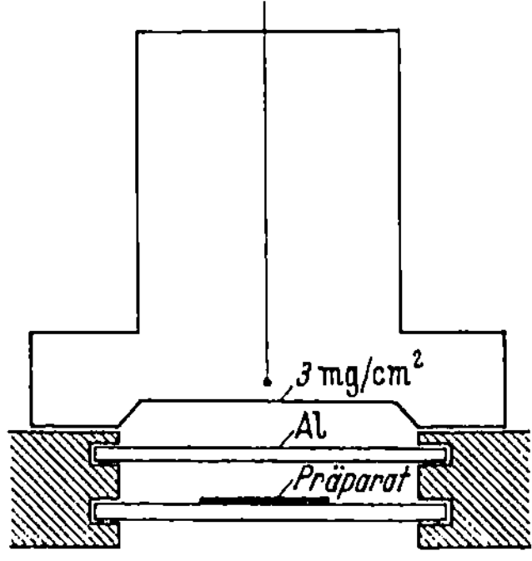

Abb. 15-7. Anordnung für die Messung der β-Absorption in einem Absorber, z. B. Aluminiumfolien.

Um die wahre, totale Reichweite eines β-Teilchens zu messen, müßte man eine stereoskopische Photographie der Partikelbahn in der Nebelkammer zur Verfügung haben und alle Bahnelemente messen und zusammenlegen. Auf Grund der obengenannten statistischen Schwankungen wird dann die „durchschnittliche wahre Reichweite" und außerdem — wenn die Verteilungskurve nicht symmetrisch ist — die „wahrscheinlichste wahre Reichweite" für β-Partikel einer bestimmten Energie angegeben. Man sieht jedoch leicht ein, daß derartige Messungen sehr kompliziert sind, besonders da die β-Strahler Elektronen verschiedener Energie aussenden. Ferner kann auch nur die β-Absorption in Gasen auf diese Art untersucht werden und auch in diesem Falle nur für relativ schwache β-Energien, da die Dimensionen der Nebelkammern verhältnismäßig klein im Vergleich zur Länge der β-Bahnen sind.

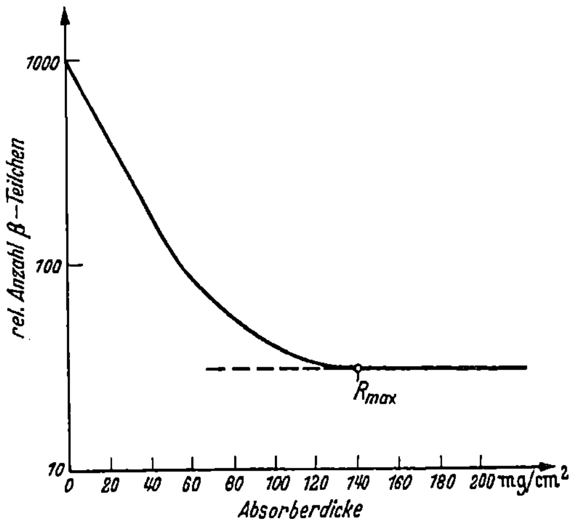

Abb. 15-8. Typische β-Absorptionskurve.

Bei der Messung der β-Absorption in Folien und überhaupt in festen oder flüssigen Substanzen hat die wahre Reichweite keine wesentliche Bedeutung. Man benutzt stattdessen — nach dem Vorgang von FEATHER [F 2] — die sog. „maximale Reichweite". Abb. 7 zeigt eine typische Meßanordnung mit einem Zählrohr als Detektor. Die Absorption wird als Funktion der Dicke der Absorberfolie gemessen, und das Resultat ist eine Absorptionskurve wie in Abb. 8. Die „maximale Reichweite" ist nach FEATHER der Punkt auf der Abszisse, wo die Kurve in die praktisch gesehen konstante „Untergrundsaktivität" einmündet, welche letztere von begleitender γ-Strahlung oder von Bremsstrahlung herrührt. Die so bestimmte maximale Reichweite R_{max} ist natürlich kleiner als die obenerwähnte wahre Reichweite, da die β-Partikel auf Grund der Streuung im allgemeinen einen längeren Weg im Absorbermaterial zurücklegen müssen, als der Absorberdicke entspricht.

Die gleichungsmäßige Beschreibung der β-Absorption.

Die Änderung der β-Aktivität als Funktion der Schichtdicke des Absorbers wiedergeben zu können, hat praktische Bedeutung z. B. für die Identifizierung von β-strahlenden Atomarten, zur Selbstabsorptionskorrektion bei der Ausführung absoluter oder vergleichbarer β-Messungen oder bei der Untersuchung der Selbstdiffusion mit Hilfe von β-Aktivitätsänderungen während des Diffusionsverlaufes. Man will also die Funktion $f(x)$ bestimmen können, welche durch die Gleichung:

$$\frac{I_x}{I_0} = f(x) \tag{3}$$

gegeben ist. Hierbei ist $I_x =$ Anzahl β-Partikel pro Zeiteinheit in einem Strahlenbündel, welche die Wegstrecke x im Absorber zurückgelegt haben, während I_0 die Aktivität ohne Absorber ist.

Mißt man I mit einem Zählrohr in einer Anordnung nach Abb. 7 und trägt $\log I/I_0$ als Funktion der Absorberdicke ab, nachdem man für γ-Strahlung und Bremsstrahlung korrigiert hat, so erhält man für die verschiedenen β-strahlenden Atomarten Kurven von im großen und ganzen gesehen gleichem Typ (Abb. 9). Aus der Abbildung

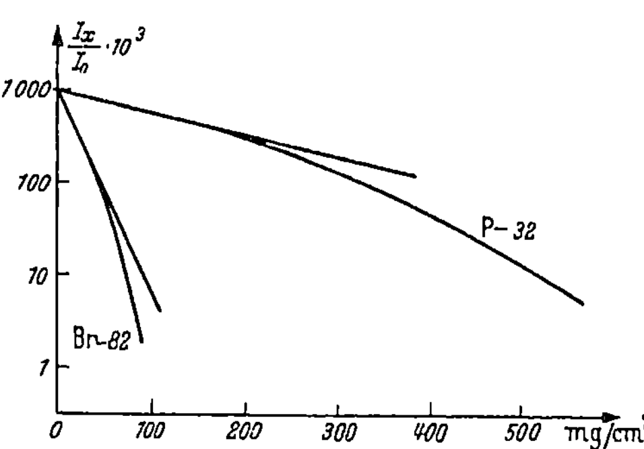

Abb. 15-9. β-Absorptionskurven für P-32 und Br-82 im halblogarithmischen Diagramm.

geht hervor, daß derartige Absorptionskurven in ihrem ersten Teil oft approximativ durch eine e-Funktion ausgedrückt werden können:

$$\frac{I_x}{I_0} = e^{-\mu x} \quad \text{oder} \quad -\ln\frac{I_x}{I_0} = \mu x, \tag{4}$$

wobei μ der Absorptionskoeffizient [cm^{-1}] ist. An Stelle von μ wendet man meist den sog. Massenabsorptionskoeffizienten μ/ϱ mit der Dimension [cm²/g] an. Wird μ/ϱ in Gl. 4 eingeführt, so erhält man:

$$- \ln \frac{I_w}{I_0} = - \frac{\mu}{\varrho}\, w, \qquad (5)$$

wobei

$$w = x\, \varrho \quad [\text{g/cm}^2] \qquad (6)$$

die Flächendichte des Absorbers ist.

Der Massenabsorptionskoeffizient ist relativ unempfindlich für Änderungen in der Ordnungszahl des Absorbers, was darauf beruht, daß sich die Anzahl der Elektronen pro Masseneinheit nur langsam mit der Ordnungszahl ändert. Als erste Näherung kann man also den Massenabsorptionskoeffizienten für verschiedene Substanzen als gleichgroß ansehen. Für eine bessere Näherung müßte man den Absorptionskoeffizienten μ_ε pro Elektron berechnen:

$$\mu_\varepsilon = \frac{\mu}{\varrho}\, \frac{M}{N\,Z}. \qquad (7)$$

Für eine weitere Verbesserung wäre auch auf die verschiedenen Bindungsenergien der Elektronen in den einzelnen Elementen Rücksicht zu nehmen. Das gebräuchlichste ist jedoch, den Massenabsorptionskoeffizienten μ/ϱ zu benutzen und die Dicke des Absorbers in Gramm oder Milligramm pro Quadratzentimeter auszudrücken, z. B. in Gramm Al/cm².

In Analogie mit der Halbwertszeit definiert man eine Halbwertsdicke $d_{\frac{1}{2}}$, so daß:

$$d_{\frac{1}{2}} = \frac{0{,}693}{\mu/\varrho} \quad [\text{g/cm}^2]. \qquad (8)$$

Die Übereinstimmung der experimentellen Absorptionskurven mit einer e-Funktion nach Gl. 4 gilt jedoch, wie schon erwähnt, nur für einen gewissen Teil der Absorptionskurve, oftmals für eine Veränderung von I über 1—2 Zehnerpotenzen. Mißt man die gleiche Strahlungsabsorption in verschiedenen Meßanordnungen, findet man außerdem, daß die Kurven recht verschiedenartigen Verlauf erhalten können. Der Absorptionskoeffizient für den Exponentialteil der Kurve erhält verschiedene Werte und sowohl Lage als auch Länge dieses Teiles der Kurve kann bedeutend variieren. So ist z. B. die „Konkavität" zur x-Achse um so größer, je größer der durchschnittliche Energiewert des β-Spektrums im Verhältnis zur Maximalenergie ist und je weiter entfernt vom Zählrohr sich die Absorberfolie befindet (größerer Streueffekt), alles unter der Voraussetzung, daß die übrigen Bedingungen unverändert sind. Ist die β-Strahlung von γ-Strahlung begleitet, so können außerdem Sekundärelektronen, welche von der γ-Strahlung im Absorber ausgelöst werden, das Aussehen der Absorptionskurve wesentlich beeinflussen. Auch dieser Effekt ist stark abhängig von der Geometrie der Meßanordnung. Man ersieht daher erstens, daß die Funktion $f(x)$ in Gl. 3 keine fundamentale, für die entsprechende Atomart charakteristische Größe ist, sondern auf Grund der starken Streuung der β-Partikel immer mit den besonderen Versuchsbedingungen verbunden ist. Zweitens findet man, daß eine e-Funktion nach Gl. 4 nur einen gewissen Teil der über mehrere Zehnerpotenzen gemessenen Absorptionskurve beschreiben kann[1].

β-Energie und Reichweite.

Die für jede β-instabile Atomart charakteristische obere Grenzenergie E_{max} wird am sichersten mit einem magnetischen β-Spektrometer bestimmt[2]. Wenn eine derartige Untersuchung aus irgendeinem Grunde (z. B. zu schwacher Aktivität) nicht durchgeführt werden kann, läßt sich E_{max} auch mit Hilfe von Absorptionsmessungen angenähert bestimmen. Nach FLAMMERSFELD [F3] gilt für $0 < E < 3$ MeV der empirische Zusammenhang:

$$E_{max} = \frac{b}{a} \sqrt{R_{max}^2 + 2\,a\,R_{max}}\,. \tag{9}$$

Die beiden Konstanten a und b wurden durch Messung der Reichweite von β-Strahlern mit gut bekannter Maximalenergie zu $a = 0{,}11$ g/cm² und $b = 0{,}211$ MeV bestimmt. Damit wird:

$$E_{max} = 1{,}92\ \sqrt{R_{max}^2 + 0{,}22\,R_{max}}\ \text{[MeV]} \tag{9a}$$

oder

$$R_{max} = \sqrt{0{,}0121 + 0{,}272\,E_{max}^2} - 0{,}11\ \text{[g/cm²]}\,. \tag{9b}$$

Hiernach kann also die eine Größe aus der anderen errechnet werden. Für die Anwendungen von β-Strahlern ist es besonders nützlich, die maximale Reichweite bei bekannter Maximalenergie nach Gl. 9b berechnen zu können. (Eine kurvenförmige Darstellung der Gl. 9 sowie eine Zusammenstellung experimenteller Resultate findet man in [L2] S. 350.)

16. Gamma-Strahlung.

160. Ursprung der Gamma-Strahlung; Isomerie; innere Umwandlung.

Ein Atomkern kann in Zuständen verschiedenen Energieinhalts existieren, er kann über den Grundzustand mit einem gewissen Energiebetrag angeregt sein. Dieser angeregte Zustand hat im allgemeinen

---

[1] Vgl. CORYELL und SUGARMAN [C5], Teil I: Counting Techniques.

[2] Eine kurze Übersicht über die experimentellen Methoden zur Messung der β-Energie mittels β-Spektrometer und mittels Absorptionsmessungen findet man z. B. bei JELLEY [J5].

nur eine sehr kurze Lebensdauer; der Kern geht rasch in den Grundzustand über und die Anregungsenergie wird weggeführt. Wenn diese
Energie relativ klein ist ($< \sim 3$ MeV), so ist sie nicht ausreichend, um
ein Nucleon oder ein α-Teilchen freizumachen, sondern die Überschuß-
energie des Kernes wird in Form von einem oder mehreren Quanten
elektromagnetischer Strahlung ausgesendet. Da der Abstand zwischen
den Energiestufen des Kernes recht groß ist, so ist die Strahlung aus
einem Atomkern relativ „hart", d. h. sie hat eine kurze Wellenlänge.
Diese Strahlung nennt man γ-Strahlung.

Wie bereits erwähnt (§ 11), treten angeregte Atomkerne oft als Folge
einer α- oder β-Umwandlung auf. Der Folgekern wird in angeregtem
Zustand gebildet und sendet γ-Strahlung aus, welche daher genetisch
mit der betreffenden Kernumwandlung zusammenhängt. Die Lebensdauer des angeregten Folgekerns ist jedoch im allgemeinen sehr kurz.
Die γ-Emission findet bereits etwa 10^{-14} s nach der Entstehung des
Kernes statt; man beobachtet daher die γ-Strahlung gleichzeitig mit der
eigentlichen Kernumwandlung.

Isomerie.

Die Emission von γ-Quanten ist indessen, wie alle Energieübergänge
in Atomkernen, gewissen Auswahlregeln unterworfen. Die Wahrscheinlichkeit für den Übergang von einem höheren zu einem tieferen Energie-
niveau kann in gewissen Fällen stark herabgesetzt, d. h. die Lebensdauer
des höheren Niveaus stark erhöht sein. Die
Lebensdauer steigt außerdem mit fallender
Energiedifferenz ΔE zwischen den Energiestufen. Es existieren daher auch γ-Strahler
mit einer meßbaren Halbwertszeit für den
γ-Übergang, und dieses Phänomen wird
Isomerie genannt. Zwei im übrigen identische
Kerne mit verschiedenem Energieinhalt sind
isomer, wenn ein Übergang von der höheren
zur tieferen Energiestufe durch γ-Strahlung
eine meßbare Halbwertszeit aufweist. Diese
Erklärung des Isomeriephänomens wurde
von WEIZSÄCKER [W 1] gegeben. Ein Umwandlungsschema für zwei isomere Zustände

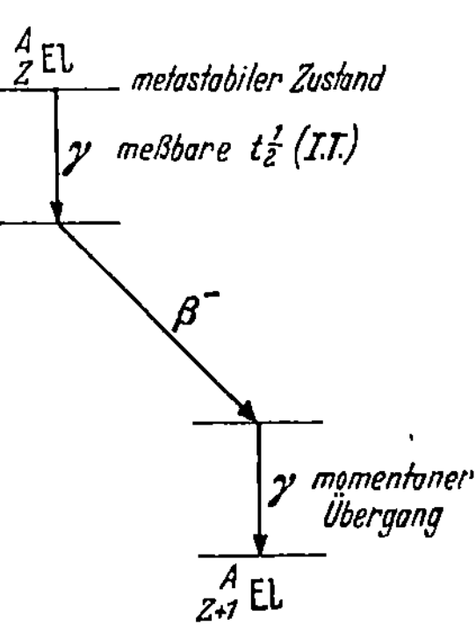

Abb. 16-1. Beispiel eines Umwandlungsschemas bei Isomerie.

gefolgt von einer β-Umwandlung mit γ-Strahlung ist in Abb. 1 dargestellt.

Der erste Fall von Isomerie wurde bereits 1921 von HAHN [H 3] entdeckt. Er fand, daß das Umwandlungsprodukt von Th-234 zwei verschiedene Halbwertszeiten von 1,15 m und 6,7 h zeigt und daß beide
Atomarten identische chemische Eigenschaften haben. Die beiden
Atomarten wurden UX_2 (1,15 m) und UZ (6,7 h) genannt, und man

stellte fest, daß beide unter Aussendung eines Negatrons in U-234 übergehen, weshalb man annehmen mußte, daß UX_2 und UZ gleiche Masse und Ladung haben und sich daher nur in der Anordnung der Kernbestandteile unterscheiden In Analogie mit den Verhältnissen bei organischen Molekülen nannte HAHN den Effekt Isomerie. Das Umwandlungsschema des Verlaufes zeigt Abb. 2. Wie ersichtlich, kann der angeregte Kern Pa-234 m (UX_2) sowohl eine β-Umwandlung als auch eine

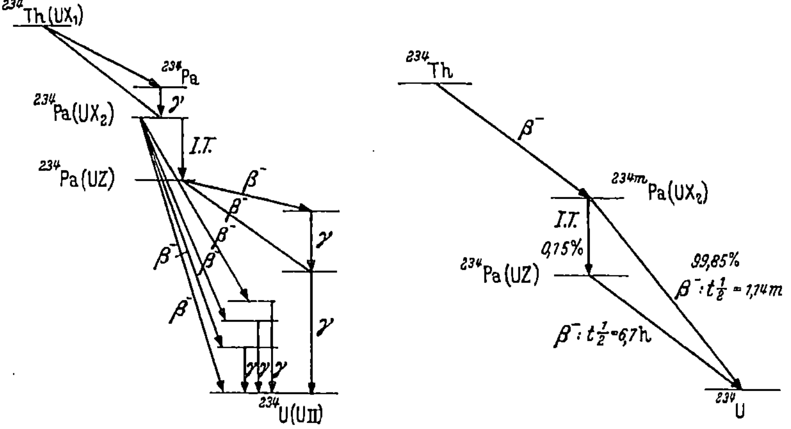

Abb. 16-2. Umwandlungsschema für ^{234}Th → ^{234}Pa → ^{234}U (nach BRADT und SCHERRER; vgl. [L2]).

isomere Umwandlung durchmachen. Der rechte Teil der Abb. zeigt ein vereinfachtes Umwandlungsschema.

HAHNs Entdeckung der Isomerie geschah zu einem Zeitpunkt, wo die Kenntnis der Struktur der Atomkerne noch zu begrenzt war, um ein tieferes Verständnis des Phänomens zu gestatten. Erst von 1937 ab, als der zweite Fall einer Kernisomerie beim Br-80 entdeckt wurde, konnte das Problem weiter gefördert werden. Später hat man noch eine ganze Reihe weiterer Fälle von Isomerie beobachtet, von denen in Tab. 1 einige Beispiele angeführt sind.

Tabelle 16-1.

Atomart	Halbwertszeit	
	Angeregter Zustand	Grundzustand
Sc-44 . . .	2,44 d	3,92 h
Co-60 . . .	10,7 m	5,26 a
Zn-69 . . .	13,8 h	57 m
Se-77 . . .	17,4 s	stabil
Rh-104 . .	4,34 m	41,8 s
In-113 . .	1,74 h	stabil

Innere Umwandlung.

Bei β-Spektren, welche von γ-Strahlung begleitet sind, findet man oftmals ein Linienspektrum, welches dem gewöhnlichen, kontinuierlichen β-Spektrum überlagert ist. Diese diskreten β-Energien rühren von

Elektronen der *Hülle* des Atoms her, welche an Stelle eines γ-Quants vom Atom emittiert werden. Durch diesen als innere Umwandlung (engl. „interval conversion") bezeichneten Prozeß kann ein größerer oder kleinerer Teil der γ-Strahlung einer Atomart konvertiert werden. Bei der inneren Umwandlung wird die ganze Energie des γ-Quants auf das Elektron überführt. Dieses kann von verschiedenen Elektronen-schalen herstammen, der K-Schale, wobei die Bindungsenergie des Elektrons $E_b(K)$ ist oder der L-Schale, wobei die Bindungsenergie $E_b(L)$ ist, usw. Für eine bestimmte γ-Energie E_γ erhält man also ein Elektronen-linienspektrum der Energien $E_\gamma - E_b(K)$, $E_\gamma - E_b(L)$, $E_\gamma - E_b(M)$ usw.

161. Gamma-Absorption.

Wenn γ-Strahlung Materie durchdringt, kann sie in Wechselwirkung mit sowohl den Atomkernen als auch mit den Elektronenhüllen des Mediums treten. Ebenso wie es bei α- und β-Partikeln der Fall ist, kann man die Wechselwirkung mit den Atomkernen gegenüber der Wechsel-wirkung mit den Elektronenhüllen vernachlässigen. Die Absorption der γ-Strahlung ist indessen bedeutend schwächer als die der α- und β-Strahlung und die Durchdringungsfähigkeit infolgedessen bedeutend größer. Während α-Partikel schon von einigen Mikron und β-Partikel von einigen Millimeter Aluminium vollständig absorbiert werden, wird eine energiereiche γ-Strahlung erst von einigen Zentimeter Blei wesent-lich geschwächt.

Bei der Absorption der γ-Strahlung kann man drei verschiedene Vorgänge unterscheiden: Photoeffekt, COMPTON-Effekt und Paarbildung.

Wenn ein Photon ein an ein Atom gebundenes Elektron trifft, so kann die gesamte Quantenenergie auf das Elektron überführt werden. Das γ-Quant verschwindet also und das Elektron wird aus der Atom-hülle ausgestoßen. Diesen Vorgang nennt man Photoeffekt und das freigemachte Elektron Photoelektron.

Wenn ein γ-Quant dagegen auf ein freies oder sehr lose gebundenes Elektron stößt, kann nicht die ganze γ-Energie auf das Elektron über-führt werden. Statt dessen wird das Quant am Elektron reflektiert, ein Vorgang, der mit Hilfe der gewöhnlichen Stoßgesetze berechnet werden kann. Da ein Teil der Energie des Quants auf das Elektron überführt wird, muß ersteres nach dem Stoß geringere Energie besitzen, d. h. größere Wellenlänge aufweisen. Daß γ-Strahlung bei Reflektion ihre Wellenlänge ändert, wurde auch experimentell beobachtet, zum ersten Male von COMPTON im Jahre 1922, weshalb der Effekt nach ihm bezeichnet worden ist.

Wenn ein γ-Quant größere Energie als 1 MeV besitzt, so kann es in ein negatives und ein positives Elektron übergehen, ein Prozeß, der

Paarbildung genannt wird und mit Hilfe der DIRACschen sog. Löchertheorie (vgl. [D 2], [H 15]) quantitativ beschrieben werden kann. Der Vorgang ist eine Analogie zum Photoeffekt. Das gebildete Negatron entspricht dem beim Photoeffekt aus der Atomhülle freigemachten Elektron und das gebildete Positron der gebildeten Leerstelle in der Elektronenhülle. Qualitative Unterschiede zwischen Paarbildung und Photoeffekt gibt es eigentlich nicht, wohl aber quantitative. So ist z. B. der Schwellenwert für die γ-Energie beim Photoeffekt gleich der Bindungsenergie des Elektrons in der Hülle, d. h. von der Größenordnung keV, während die Schwellenenergie bei der Paarbildung der Masse zweier Elektronen, also ungefähr 1 MeV, entspricht. — Auch der umgekehrte Vorgang ist bekannt, ein positives und ein negatives Elektron verschwinden unter Aussendung von γ-Strahlung (gewöhnlich zweier γ-Quanten zu je 0,5 MeV), die dann „Vernichtungsstrahlung" genannt wird. Auch dieser Prozeß ist analog dem Photoeffekt; die γ-Strahlung entspricht der Röntgenstrahlung, die ausgesandt wird, wenn die beim Photoeffekt gebildete Leerstelle in der K- oder L-Schale ausgefüllt wird.

Wenn ein γ-Quant, welches Materie durchdringt, in Wechselwirkung mit Elektronen tritt, wird das Quant also durch einen der obigen drei Vorgänge absorbiert bzw. gestreut. Gemeinsam für alle Vorgänge ist, daß ein Quant, welches der *Primärstrahlung* zugehört, in einem einzigen Vorgang absorbiert wird im Gegensatz zu den Verhältnissen bei der α- und β-Strahlung. Mit steigender Absorberdicke vermindert sich daher nur die Anzahl der primären γ-Quanten, aber nicht die Energie derselben. Dies bedeutet, daß die Änderung in der Strahlungsintensität proportional der Anzahl der vorliegenden Quanten sein muß: $-dI/dx = \mu I$. Für die primäre γ-Strahlung findet man daher im Gegensatz zur β-Strahlung eine strenge Gültigkeit des exponentiellen Absorptionsgesetzes:

$$I_x = I_0 \, e^{-\mu x} \quad \text{oder} \quad -\ln \frac{I_x}{I_0} = \mu x , \tag{1}$$

wobei I = Intensität, x = Absorberdicke in cm, μ = Absorptionskoeffizient in cm^{-1}. Um die Absorption in verschiedenen Substanzen besser vergleichen zu können, benutzt man in der Regel den Massenabsorptionskoeffizienten μ/ϱ (vgl. Gl. 15-5) oder manchmal den Absorptionskoeffizienten pro Elektron μ_e (vgl. Gl. 15-7). Man könnte meinen, daß μ_e bei konstanter γ-Energie für alle Elemente gleichgroß ist. Dieses ist jedoch nicht streng der Fall, da die Absorption nicht nur von der Anzahl der Elektronen, sondern auch von deren Bindungsenergie abhängig ist.

Mit Hilfe des Absorptionskoeffizienten kann man die Halbwertsdicke aus der folgenden Beziehung errechnen (vgl. Gl. 15-8):

$$d_{\frac{1}{2}} = \frac{\ln 2}{\mu} = \frac{0{,}693}{\mu} \ [\text{cm}] . \tag{2}$$

Enthält die γ-Strahlung mehrere verschiedene diskrete Energien E'_γ, E''_γ, E'''_γ, ..., so erhält man die resultierende γ-Energie als Funktion der Absorberdicke aus der Gleichung:

$$I = I'\, e^{-\mu' x} + I''\, e^{-\mu'' x} + \cdots . \tag{3}$$

Wenn E'_γ, E''_γ, E'''_γ usw. sich deutlich voneinander unterscheiden, so kann die komplexe Absorptionskurve graphisch in Komponenten aufgeteilt werden (Abb. 3).

Da die Absorption der γ-Strahlung durch drei verschiedene Prozesse

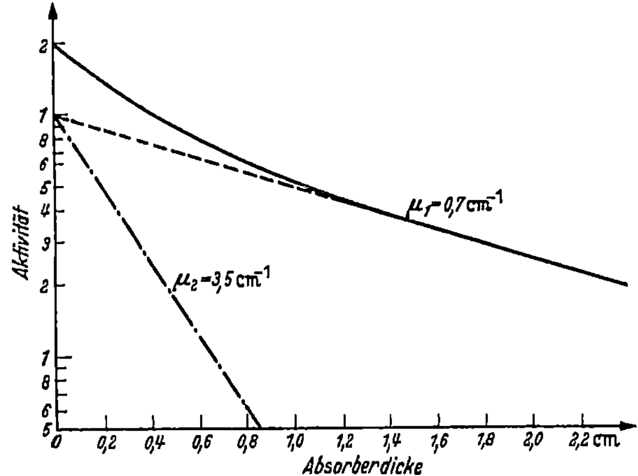

Abb. 16-3. Absorptionskurve für zwei gleichzeitig anwesende γ-Strahler (oder einen γ-Strahler mit zwei γ-Quanten) verschiedener Energie.

zustandekommt, kann der Absorptionskoeffizient μ in drei Glieder aufgeteilt werden:

$$\mu = \tau + \sigma + \varkappa \tag{4}$$

τ: Photoeffekt, σ: COMPTON-Effekt, $\varkappa$: Paarbildung. Die Abb. 4—7 zeigen die verschiedenen Absorptionskoeffizienten in Blei bzw. Aluminium als Funktion von E_γ zusammen mit dem resultierenden Absorptionskoeffizienten μ der primären Strahlung.

Für die Berechnung der γ-Absorption in anderen Stoffen als Blei oder Aluminium kann man von den Werten für Blei in den Abb. 4—6 ausgehen und folgende Näherungsformeln anwenden:

$$\tau = \tau_{\mathrm{Pb}}\; 4,04 \cdot 10^{-7} \frac{Z^4 \varrho}{M} \quad (E_\gamma > E_K)$$

$$\sigma = \sigma_{\mathrm{Pb}}\; 0,223 \frac{Z \varrho}{M} \tag{5}$$

$$\varkappa = \varkappa_{\mathrm{Pb}}\; 2,72 \cdot 10^{-3} \frac{Z^2 \varrho}{M} \quad (E_\gamma \lesssim 5\,\mathrm{MeV})\,.$$

Die für τ gegebene Formel gilt nur, wenn die γ-Energie größer ist als die Bindungsenergie für ein Elektron in der K-Schale (K-Absorptionskante). Für die Berechnung von $\varkappa$ nach Gl. 5 muß E_γ kleiner als etwa 5 MeV sein.

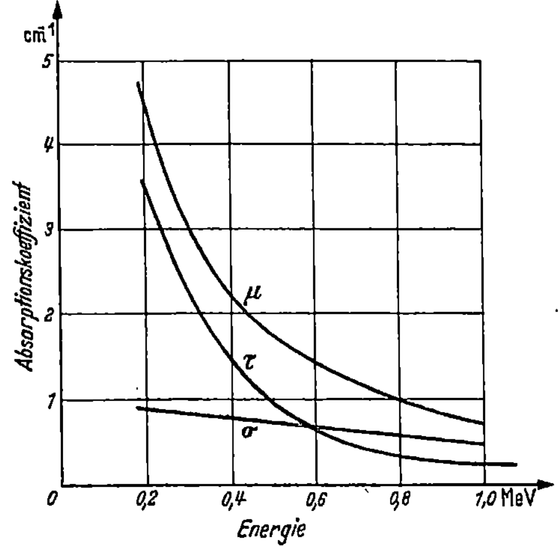

Abb. 16-4. Absorptionskoeffizienten in Blei für γ-Strahlung von 0,2—1 MeV (τ: Photoeffekt, σ: Compton-Effekt, $\mu = \tau + \sigma$).

Die Gl. 1 und 3 gelten für die Absorption der *primären* Strahlung unter der Voraussetzung, daß man über ein homogenes, paralleles, die

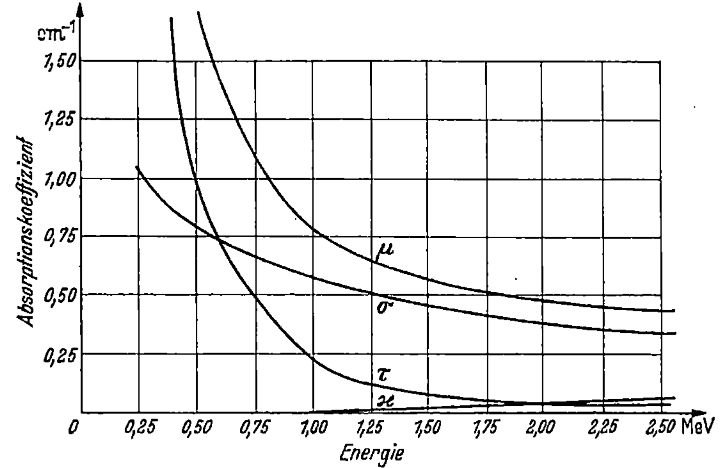

Abb. 16-5. Absorptionskoeffizienten in Blei für γ-Strahlung von 0,5—2,5 MeV (τ: Photoeffekt, σ: Compton-Effekt, $\varkappa$: Paarbildung, $\mu = \tau + \sigma + \varkappa$).

Absorberoberfläche rechtwinklig treffendes Strahlenbündel verfügt. Auch wenn diese geometrischen Bedingungen erfüllt sind, so gelten die angegebenen Gleichungen bei praktischen Absorptionsmessungen von

γ-Strahlung nicht genau, da man bei allen Messungen eine Sekundärstrahlung erhält, welche das Resultat wesentlich beeinflussen kann. Der
Photoeffekt gibt Anlaß zum Auftreten von Röntgenstrahlung, die ent-

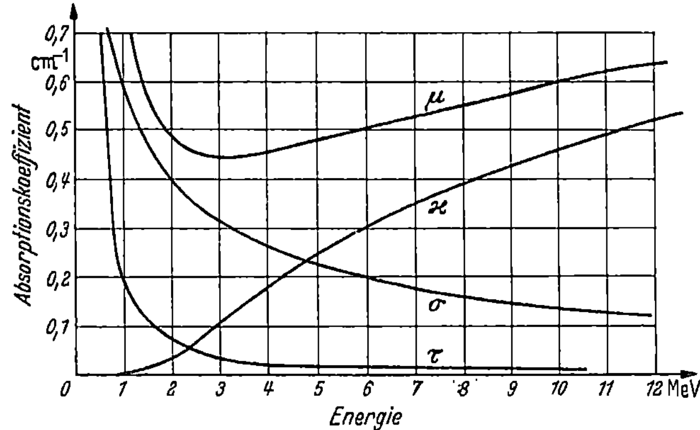

Abb. 16-6. Absorptionskoeffizienten in Blei für γ-Strahlung von 1—12 MeV (τ: Photoeffekt,
σ: COMPTON-Effekt, ϰ: Paarbildung, μ = τ + σ + ϰ).

steht, wenn die gebildeten Leerstellen in der K-Schale usw. ausgefüllt
werden. Der COMPTON-Effekt gibt Anlaß zur Bildung von Sekundärstrahlung etwas geringerer Energie als die Primärstrahlung. Die Paar-

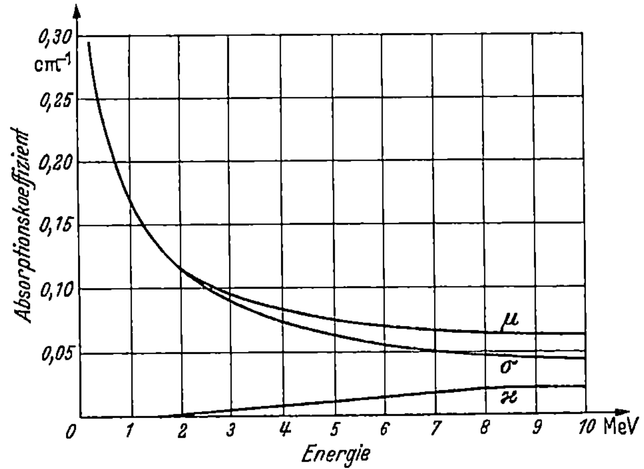

Abb. 16-7. Absorptionskoeffizienten in Aluminium für γ-Strahlung von 0,5—10 MeV (τ: Photoeffekt,
σ: COMPTON-Effekt, ϰ: Paarbildung, μ = τ + σ + ϰ).

bildung schließlich ist immer von Sekundärstrahlung von 0,511 MeV
Energie begleitet. Die sekundäre Röntgenstrahlung beim Photoeffekt
ist nur bei geringen γ-Energien von Bedeutung. Die Sekundärstrahlung

bei der Paarbildung und beim Photoeffekt wird isotrop ausgesendet; mißt man daher nur ein relativ schmales Strahlenbündel hinter dem Absorber, so kommt diesen Sekundärstrahlungen keine größere Bedeutung zu. Bei der COMPTON-Streuung hingegen werden viele Quanten in sehr kleinen Winkeln reflektiert, und da dieser Absorptionstyp innerhalb des gewöhnlichsten Energieintervalls vorherrschend ist, so muß man eine Korrektion für die Sekundärstrahlung beim COMPTON-Effekt einführen. Für die Praxis des Strahlenschutzes werden daher im allgemeinen

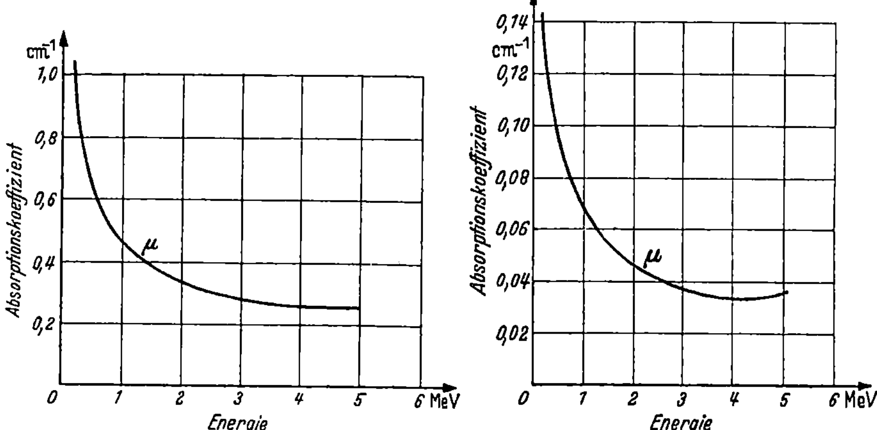

Abb. 16-8. Absorptionskoeffizient in Eisen für γ-Strahlung (Zifferwerte entnommen aus LAPP und ANDREWS [L7]).

Abb. 16-9. Absorptionskoeffizient in Wasser für γ-Strahlung (Zifferwerte entnommen aus LAPP und ANDREWS [L7]).

empirische Messungen der γ-Absorption den Berechnungen der Abschirmdicken zugrundegelegt (vgl. § 322). Die Abb. 8 und 9 zeigen experimentell gemessene Absorptionskoeffizienten für Eisen und Wasser als Funktion der γ-Energie.

17. Einheiten für Radioaktivität.

Absolute Aktivität. Die Anzahl Kerntransmutationen pro Zeiteinheit wird „absolute Aktivität" genannt und hier mit A bezeichnet:

$$- dN/dt = \lambda N = A . \tag{1}$$

Da $N = \mathsf{N}\, G/M$ (vgl. Gl. 13-6), so gilt

$$A = \lambda \mathsf{N}\, G/M . \tag{2}$$

A kann also berechnet werden, wenn die Umwandlungskonstante λ und die Anzahl Mole (G/M) bekannt sind.

Die absolute Aktivität wird oft direkt in Anzahl Transmutationen pro Minute (tpm) oder pro Sekunde (tps) angegeben. Für stärkere Aktivitäten ist vor allem die CURIE-Einheit in Gebrauch.

CURIE-Einheit. Nach einem Beschluß auf dem Internationalen Kongreß für Radiologie in Brüssel im Jahre 1910 wurde diejenige Menge Radon, die im Gleichgewicht mit 1 g Radium steht (= 0,66 mm³ NTP), mit 1 Curie bezeichnet. Im Jahre 1930 erweiterte die Internationale Radium-Standard-Kommission die Definition derart, daß sie auch die Umwandlungsprodukte des Radiums umfaßte [C1]. Nach Entdeckung der künstlichen Radioaktivität wurde es üblich, die CURIE-Einheit, in Ermanglung einer anderen Einheit, auch für beliebige andere Atomarten anzuwenden. Die Menge jeder beliebigen Atomart, die ebensoviel Kernumwandlungen pro Zeiteinheit wie 1 g Radium aufweist, wurde also mit 1 Curie bezeichnet. Der größte Nachteil dieser Einheit war ihre Abhängigkeit von dem Wert, den man für die Halbwertszeit des Radiums ansetzte, ein Wert, der ja von Zeit zu Zeit auf Grund verbesserter Messungen zu ändern ist[1]. Im Hinblick hierauf wurde vorgeschlagen[C2], die Definition der CURIE-Einheit nochmals zu ändern, so daß sie ganz von dem Zusammenhang mit der Anzahl Kernumwandlungen in 1 g Radium freigemacht wurde. Statt dessen soll definitionsgemäß sein:

$$1 \text{ Curie} = 3{,}700 \ldots \cdot 10^{10} \text{ tps}.$$

Dieser Vorschlag wurde vor kurzem international anerkannt [P1], [I1].

RUTHERFORD-Einheit. Nach einem Vorschlag von CONDON und CURTISS [C3] wird diejenige Menge irgendeiner radioaktiven Atomart, bei der $\Lambda = 10^6$ tps, mit 1 Rutherford bezeichnet:

$$1 \text{ Rutherford (rd)} = 10^6 \text{ tps}.$$

Der Vorteil gegenüber der CURIE-Einheit ist, daß 1 rd, ausgedrückt in tps, eine ganze Zahl ist. Bei der Arbeit mit relativ schwachen Aktivitäten ist es doch üblicher, die Minute als Zeiteinheit zu wählen, um die Rechnung mit Dezimalen in den Aktivitätswerten zu vermeiden (z. B. wäre die Aktivität 250 tpm = 4,17 tps = 4,17 μrd).

Die nachfolgende Tabelle erleichtert die Umrechnung zwischen den verschiedenen im Gebrauch befindlichen Einheiten.

Tabelle 17-1. *Umrechnung zwischen tpm, tps, Rutherford (rd) und Millicurie (mc).*

	tpm	tps	rd	mc
1 tpm . . =	1	0,0167	$0{,}0167 \cdot 10^{-6}$	$0{,}45 \cdot 10^{-9}$
1 tps . . =	60	1	10^{-6}	$0{,}27 \cdot 10^{-7}$
1 rd . . . =	$60 \cdot 10^6$	10^6	1	0,027
1 mc . . =	$2{,}22 \cdot 10^9$	$3{,}70 \cdot 10^7$	37	1

---

[1] Mit dem neuesten Wert für die Halbwertszeit des Ra ($t_{\frac{1}{2}} = 1622$ a nach KOHMAN) wäre 1 Curie = $3{,}61 \cdot 10^{10}$ tps.

rhm-Einheit für γ-Strahler. Um die Aktivität eines radioaktiven Präparates in obigen Einheiten angeben zu können, ist es natürlich notwendig, daß man die Anzahl der pro Zeiteinheit transmutierenden Atome kennt. Dies ist jedoch oftmals nicht der Fall, besonders bei Atomarten, die ganz oder teilweise K-Strahler (vgl. § 15) sind, oder bei Messung von γ-Strahlung an Stelle von α- oder β-Teilchen. Um aus der gemessenen Aktivität die absolute Aktivität berechnen zu können, muß man sowohl das vollständige Umwandlungsschema wie den Wirkungsgrad der Meßapparatur für jede einzelne Strahlensorte kennen.

Um die Aktivität radioaktiver Präparate auf eine eindeutige und reproduzierbare Weise angeben zu können, auch wenn die Anzahl der pro Zeiteinheit transmutierenden Atome nicht bekannt ist, hat man für γ-strahlende Atomarten eine neue Einheit eingeführt: "röntgen per hour at one meter", abgekürzt rhm [C2]. Ein rhm $\left(\text{Dimension}\left[\dfrac{r/h}{c/m^2}\right]\right)$ hat also ein γ-strahlendes Präparat dann, wenn seine Ionisierungsintensität, gemessen in 1 m Entfernung, 1 Röntgen pro Stunde beträgt. Tab. 2 zeigt die Aktivität verschiedener γ-Strahler in rhm pro Curie. Weitere Werte findet man in [L2] S. 356 (dort „spezifische Dosisleistung" genannt).

Tabelle 17-2. *Ionisierungsintensität einiger γ-Strahler in rhm pro Curie.*

Atomart	rhm/Curie
Na-22 . . .	1,30
Na-24 . . .	1,92
Mn-52 . . .	1,93
Mn-54 . . .	0,485
Mn-56 . . .	0,98
Fe-59 . . .	0,65
Co-58 . . .	0,56
Co-60 . . .	1,30
Zn-65 . . .	0,30
Br-82 . . .	1,50
J-128 . . .	0,018
J-131 . . .	0,25
Au-198 . .	0,23
Ra	0,84

Der für Radium angegebene Wert ist der Mittelwert verschiedener experimenteller Messungen von Radium im Gleichgewicht mit seinen Folgeprodukten und eingeschlossen in ein 0,5 mm dickes Platinröhrchen (vgl. [E1]). Der rhm-Wert eines γ-Strahlers kann theoretisch berechnet werden, falls das vollständige Termschema (Anzahl γ-Quanten pro Transmutation sowie ihre Energie und bei innerer Umwandlung der Konversionskoeffizient) und der Absorptionskoeffizient in Luft für jedes γ-Quant bekannt ist. Bei Positronstrahlern ist die Vernichtungsstrahlung (2 Quanten von je 0,511 MeV) mit zu berücksichtigen (einige Berechnungsbeispiele bei EVANS [E1]).

Spezifische Aktivität. Ein für die Isotopentechnik wichtiger Begriff ist die spezifische Aktivität (I_s). Diese ist definiert als das Verhältnis zwischen der Anzahl radioaktiver Atome einer gewissen Sorte (N^*) und der Gesamtzahl der (stabilen und radioaktiven) Atome dieser Sorte:

$$I_s = \frac{N^*}{N + N^*} \, . \tag{3}$$

Statt N^* und N kann man auch diesen Größen proportionale andere

Größen benutzen, beispielsweise die gemessene Aktivität statt N^* und das Gewicht der stabilen Substanz an Stelle von N, und da im allgemeinen $N \gg N^*$, so gilt dann für dieses Beispiel:

$$I_s = \frac{\text{Aktivität}}{\text{Gewicht}} \tag{3a}$$

ausgedrückt z. B. in Millicurie pro Gramm, oder tpm pro mg usw.

18. Kernreaktionen.

180. Grundlegendes über Kernreaktionen.

Außer den radioaktiven Kernumwandlungen, die man auch als mononucleare Reaktionen bezeichnen kann, kennt man seit 1919 auch binucleare Reaktionen. In diesem Jahre entdeckte nämlich RUTHERFORD, daß bei der Bestrahlung von Sauerstoff mit α-Teilchen folgende Kernreaktion eintritt:

$$^{14}_{7}\text{N} + ^{4}_{2}\alpha \rightarrow ^{17}_{8}\text{O} + ^{1}_{1}p \,. \tag{1}$$

Eine binucleare Reaktion kommt also dadurch zustande, daß ein Teilchen („Geschoßteilchen") einen Atomkern („Targetkern") trifft und mit diesem einen anderen Kern („Produktkern") und ein anderes Teilchen (oder ein γ-Quant) bildet, allgemein:

$$A + x \rightarrow B + y \,. \tag{1a}$$

Man wendet gewöhnlich eine verkürzte Schreibweise an und schreibt Gl. 1a in folgender Form:

$$A\,(x, y)\,B \,. \tag{1b}$$

Die nähere Untersuchung derartiger Kernreaktionen hat gezeigt, daß jede Reaktion in zwei Schritten verläuft:

$$A + x \rightarrow C \rightarrow B + y \,. \tag{1c}$$

x reagiert mit A unter Bildung eines „Zwischenkerns" C, und dieser wandelt sich dann unter Aussendung von y in den Kern B um.

Targetkern *(A)*. Bestrahlungsobjekt oder Target (engl. target) ist im allgemeinen eine der bekannten 274 stabilen Atomarten. Nur in Ausnahmefällen werden natürlich oder künstlich radioaktive Atomarten als Target verwendet, z. B. bei Herstellung von Curium aus Plutonium. Arbeitet man mit einem Reinelement, oder wendet man eine durch Isotopentrennung isolierte Atomart an, so bestehen die Targetkerne alle aus ein und derselben Atomart. Bestrahlt man dagegen ein aus mehreren Isotopen zusammengesetztes Element, so gibt eins dieser Isotope die gewünschte Kernreaktion, während die anderen Isotope zu anderen

(vielleicht unerwünschten) Kernreaktionen führen. Bei der Berechnung
der Ausbeute muß folglich unterschieden werden zwischen der Ausbeute bezogen auf die natürliche Isotopenmischung und der Ausbeute bezogen auf das reine Targetisotop. In welcher chemischen oder
physikalischen Form ein Element bestrahlt wird, ob z. B. Kohlenstoff in
Form von gasförmigem CO_2, einer Lösung von $NaCO_3$, festem Graphit
oder Diamant angewendet wird, spielt für die Kernreaktion selbst natürlich keine Rolle. Dagegen muß man bei der Wahl der chemischen Form
des zu bestrahlenden Elementes daran denken, daß nicht andere Elemente
eingehen, die bei der Bestrahlung zur Bildung einer störenden radioaktiven Atomart Anlaß geben, und zweitens, daß eine chemische Trennung und Anreicherung des gewünschten Radioisotops, falls erwünscht,
möglich ist.

Geschoßteilchen *(x)*. Als die andere Reaktionskomponente bei Kernreaktionen stehen hauptsächlich folgende Projektile zur Verfügung:

α-Teilchen $\left(^4_2\alpha\right)$ . . . . . entweder als Strahlung von natürlichen
α-Strahlern oder als künstlich beschleunigte
Heliumionen.

Protonen $\left(^1_1p\right)$
Deuteronen $\left(^2_1d\right)$ $\Big\}$ . . . welche mit hinreichender Energie versehen
werden durch Beschleunigung in Hoch-
spannungsanlagen, Zyklotronen und ähn-
lichen Apparaten.

Neutronen $\left(^1_0n\right)$ . . . . welche ihrerseits erst durch eine geeignete
Kernreaktion hergestellt werden müssen (z. B.
in Zyklotronen oder in Kernreaktoren).

In selteneren Fällen wendet man auch andere Projektile an, z. B. Elektronen (ε), ^{3}He-Ionen oder schwere Teilchen wie z. B. ^{12}C-Ionen.
Schließlich können Kernreaktionen auch durch Bestrahlung mit energiereichen γ-Quanten induziert werden („Kernphotoreaktionen").

Die für die Herstellung radioaktiver Atomarten wichtigsten Projektile sind die Neutronen. Je nach ihrer kinetischen Energie unterscheidet
man:

$$0\text{—}0,1\ \text{eV} \quad . \ . \ . \ . \quad \text{thermische Neutronen}\ \Big\}$$
$$0,1\text{—}1000\ \text{eV} \quad . \ . \ . \quad \text{Resonanzneutronen}\ \Big\}\ \text{langsame Neutronen}$$
$$1000\ \text{eV—}1\ \text{MeV} \quad . \ . \ . \ . \quad \text{mittelschnelle Neutronen}$$
$$>1\ \text{MeV} \quad . \ . \ . \ . \quad \text{schnelle Neutronen.}$$

Langsame Neutronen erhält man, indem man schnelle, energiereiche
Neutronen durch stark wasserstoffhaltige Substanzen (z. B. Wasser oder
Paraffin) schickt, wobei die Neutronen mit Wasserstoffkernen kollidieren
und bei jedem derartigen Stoß etwa die Hälfte ihrer kinetischen Energie

verlieren. Da die Neutronen ungeladen sind, können sie leicht in Atomkerne, auch die schwersten und höchstgeladenen, eindringen, während die Reaktionen mit geladenen Projektilpartikeln mit steigender Ladung (Ordnungszahl) des Targetkerns erschwert werden.

Zwischenkern *(C)*. Nach BOHRs [B 11] Theorie für den Mechanismus von Kernreaktionen tritt, sobald x in den Bereich der Kernkräfte von A kommt, eine Wechselwirkung zwischen x und dem nächstgelegenen Nucleon im Kern A ein, so daß die kinetische Energie von x verringert wird. Auf Grund der dichten Packung der Nucleonen im Kern verteilt sich die kinetische Energie von x sehr schnell auf sämtliche Nucleonen, und x ist nun vom Atomkern A „eingefangen". Als Resultat dieser Einfangung liegt ein angeregter Zwischenkern vor mit einer Anregungsenergie (E_{ang}) über dem Grundzustand von:

$$E_{ang} = E_b + E_k \, (1 - m/m') \, . \tag{2}$$

E_b = Bindungsenergie für x (vgl. § 10); E_k = kinetische Energie von x; m = Masse von x und m' = Masse des Zwischenkerns C. Maßgebend für die Bildung des Zwischenkerns ist also teils die Art und Energie des Projektils und teils das Energieniveausystem des Targetkerns.

Der Zwischenkern hat nur eine sehr kurze Lebenszeit von 10^{-17} bis 10^{-13} s[1]. Entweder können bei der Fluktuation der Anregungsenergie im Kern ein oder mehrere Nucleonen in einem gewissen Augenblick so viel Energie erhalten, daß sie den Kern verlassen können. Oder die Anregungsenergie wird in Form von einem oder mehreren γ-Quanten ausgestrahlt. Der gebildete Zwischenkern kann sich also auf verschiedene Weise umwandeln, d. h. die Folge von $A + x \rightarrow C$ kann sein:

$$\begin{aligned} C &\rightarrow B_1 + y_1 \\ C &\rightarrow B_2 + y_2 \\ &\cdot \cdot \cdot \cdot \cdot \cdot \\ C &\rightarrow B_n + y_n \end{aligned} \tag{3}$$

Ein Projektil bestimmter Art und Energie kann somit mit dem gleichen Targetkern zu verschiedenen Kernreaktionen führen. Welche der möglichen Umwandlungen des Zwischenkerns dominiert (mit größter Ausbeute verläuft), dafür ist teils das Energieniveausystem und teils die Anregungsenergie von C maßgebend.

Produktpartikel *(y)*. Alle obengenannten schweren Projektilpartikel können auch als neugebildete Teilchen auftreten, d. h. y kann gleich α, p, d, n oder mehreren dieser Teilchen sein. Statt dessen können auch, wie schon gesagt, ein oder mehrere γ-Quanten ausgestrahlt werden.

Produktkern *(B)*. Der neugebildete Atomkern B kann entweder stabil oder instabil sein. In letzterem Falle kann die eingetretene Kernreaktion leicht mittels der Radioaktivität von B beobachtet werden.

---

[1] Ausnahmen stellen die Isomere dar; s. § 160.

In gewissen Fällen, nämlich bei der Bestrahlung von bestimmten schweren Atomarten (z. B. U-235) mit Neutronen oder bei der Bestrahlung von mittelschweren und schweren Atomarten mit sehr energiereichen Projektilen, kann der getroffene Atomkern in zwei ungefähr gleichschwere Teile gespalten werden. Diese sog. Spaltungsreaktionen (engl. fission) werden in der nachfolgenden Tabelle mit (x, f)-Reaktionen bezeichnet. Die durch langsame Neutronen induzierten Spaltungsreaktionen in gewissen schweren Atomkernen (U-235, Pu-239, U-233) zeichnen sich dadurch besonders aus, daß sie als Kettenreaktion ablaufen können. Dadurch wird ein Umsatz makroskopischer Mengen und damit eine praktische Ausnutzung der freiwerdenden Kernenergie ermöglicht. Schließlich kann man mit sehr energiereichen Projektilen $(\alpha, d, n, \varepsilon, \gamma)$ eine Splitterung (engl. spallation) des Targetkerns erzielen, wobei viele Nucleonen emittiert und der Kern in eine größere Zahl von leichteren Kernen zersplittert wird. Diese Splitterungsreaktionen werden in der folgenden Tabelle als (x, s)-Reaktionen angeführt.

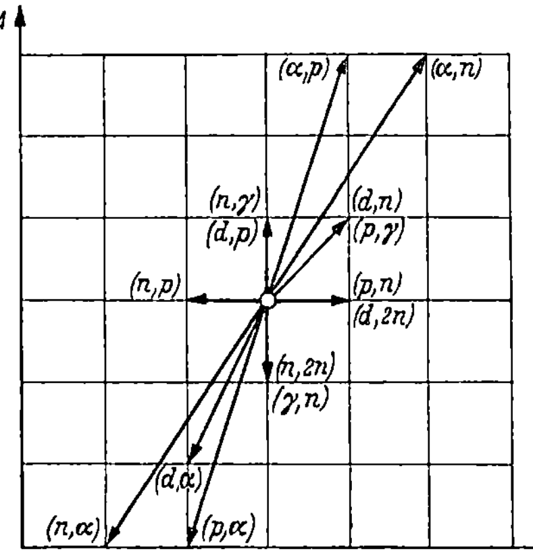

Abb. 18-1. Änderungen von Massenzahl A und Ordnungszahl Z bei verschiedenen Kernreaktionstypen.

Tabelle 18-1. *Die wichtigsten Kernreaktionstypen.*

Projektil	Ausgesandtes Teilchen bzw. Quant						
	α	p	n	$2n$	γ	f	s
α . . .	—	α,p	α,n	—	—	α,f	α,s
d	d,α	d,p	d,n	$d,2n$	—	d,f	d,s
p . . .	p,α	—	p,n	—	p,γ	—	—
n . . .	n,α	n,p	—	$n,2n$	n,γ	n,f	n,s

Für (n, γ)-Reaktionen werden langsame, zur Induzierung von z. B. (n, p)- und (n, α)-Reaktionen schnelle Neutronen benötigt.

Abb. 1 gibt eine Übersicht über die Veränderungen der Ordnungszahl Z und der Massenzahl A bei den wichtigsten Kernreaktionstypen.

Ist das Produktteilchen von gleicher Art wie das Projektil [tritt also z. B. die Reaktion $A(\alpha, \alpha)B$ ein], so spricht man von „unelastischer Streuung". Dringt das Projektil nicht in den Kern ein, sondern wird nur von diesem gestreut, d. h. aus seiner Bahn abgelenkt, so spricht man von „elastischer Streuung".

181. Energetik von Kernreaktionen.

In Analogie mit den Gl. 12-1 und 12-2 gilt für eine induzierte Kernreaktion:

$$A + x \rightarrow B + y + Q \tag{4}$$

und

$$Q = (M_A + M_x) - (M_B + M_y) . \tag{5}$$

Werden, wie in Gl. 12-3, die Isotopengewichte durch die Massendefekte ΔM ersetzt, so folgt:

$$Q = (\Delta M_B - \Delta M_A) + (\Delta M_y - \Delta M_x) . \tag{6}$$

Als erstes Beispiel sei die Reaktion zwischen Lithiumkernen und Protonen betrachtet (Isotopengewichte nach Tab. 10-1):

$$^{7}_{3}\text{Li} + ^{1}_{1}\text{H} \rightarrow 2\,^{4}_{2}\text{He} + Q$$

$$7{,}01820 + 1{,}00813 = 2 \times 4{,}00389 + Q \tag{7}$$

$$8{,}02633 = 8{,}00778 + 0{,}01855 .$$

Wie aus der Massengleichung hervorgeht, ist die Masse eines Lithiumplus eines Wasserstoffatoms 0,01855 ME größer als die Masse von zwei Heliumatomen. Der Überschuß entspricht der Reaktionsenergie, die also gleich 0,01855 ME oder 17,3 MeV ist. Die Reaktion ist also sehr stark exotherm, und jedes der beiden gebildeten α-Teilchen erhält eine kinetische Energie von 8,6 MeV. Dies Resultat kann experimentell bestätigt werden, z. B. durch Messung der α-Reichweite. Die experimentelle Bestätigung derartiger Berechnungen ist einer der sichersten Beweise für die EINSTEINsche Beziehung zwischen Masse und Energie (Gl. 10-3).

Als nächstes Beispiel sei die Kernreaktion zwischen C-12 und α-Teilchen betrachtet:

$$^{12}_{6}\text{C} + ^{4}_{2}\text{He} \rightarrow ^{15}_{7}\text{N} + ^{1}_{1}\text{H} + Q . \tag{8}$$

Statt mit den Isotopengewichten wie in obigem Beispiel kann man, wie gesagt, einfacher mit den Massendefekten rechnen. Nach Gl. 6 ist, wenn die ΔM-Werte aus Tab. 10-1 benutzt werden:

$$Q = (123{,}52 - 98{,}55) + (0 - 30{,}34) = -5{,}37 \text{ mME} . \tag{9}$$

Diese Reaktion ist also mit 5,37 mME = 5,0 MeV endotherm und kann folglich nur durchgeführt werden mit α-Teilchen von mindestens 5 MeV kinetischer Energie.

Im folgenden sei die Energietönung bei Molekülreaktionen, d. h. gewöhnlichen chemischen Reaktionen, und bei Kernreaktionen verglichen. Bei der Verbrennung von 1 Mol ($= 12$ g) Kohlenstoff nach

$$C + O_2 \rightarrow CO_2 + 94{,}4 \text{ kcal} \tag{10}$$

werden 94400 cal frei. Andererseits werden nach Gl. 7 bei der Reaktion von einem Lithiumkern mit einem Proton 17,3 MeV $= 17,3 \cdot 3,8 \cdot 10^{-14}$ cal frei. Da 1 Mol ($= 7$ g) Lithium $6,02 \cdot 10^{23}$ Atome enthält, so werden bei der Umsetzung von 1 Mol Lithium $17,3 \cdot 3,8 \cdot 10^{-14} \cdot 6,02 \cdot 10^{23} = 4 \cdot 10^{11}$ cal erzeugt. Dies ist $4,2 \cdot 10^6$ mal so viel wie bei der Umsetzung von 1 Mol Kohlenstoff. Könnte man die Li-p-Reaktion in makroskopischem Maßstab mit wägbaren Li-Mengen durchführen, so könnte man also mit 7 g Lithium dieselbe Energie gewinnen wie bei der Verbrennung von $12 \cdot 4,2 \cdot 10^6 \approx 50 \cdot 10^6$ g oder 50 t Kohle.

Eine Möglichkeit, die Umsetzung wägbarer Substanzmengen bei Kernreaktion zu realisieren und damit derartige Reaktionen als Energiequelle auszunutzen, hat sich bekanntlich bei den Spaltungsreaktionen ergeben. Bei der Spaltung von U-235 nach:

$$^{235}_{92}\text{U} \; (n,\gamma) \; ^{236}_{92}\text{U} \; \rightarrow \; ^{A'}_{Z'}\text{El} + ^{A''}_{Z''}\text{El} + \eta \, ^1_0 n + Q$$

$$A' + A'' + \eta = 236 \qquad Z' + Z'' = 92 \tag{11}$$

werden im Durchschnitt $\eta = 2,5$ neue Neutronen frei, die bei geeigneter Anordnung in gleicher Weise wie das erste Neutron mit anderen ^{235}U-Kernen reagieren können. Auf diese Weise kann eine Kettenreaktion zustandekommen, bei der die Anzahl reagierender Atome schnell, in Sekundenbruchteilen, zu wägbaren Substanzmengen anwächst. Die Energietönung der Spaltungsreaktion nach Gl. 11 ist rund 200 MeV. Ein Mol ($= 235$ g) U-235 ergibt also $200 \cdot 3,8 \cdot 10^{-14} \cdot 6,02 \cdot 10^{23} = 45,7 \cdot 10^{11}$ cal. *Ein* Gramm U-235 ist somit äquivalent

$$\frac{45,7 \cdot 10^{11} \cdot 12}{94,4 \cdot 10^3 \cdot 235} = 2,5 \cdot 10^6 \text{ g}$$

oder 2,5 t Kohlenstoff, womit die in der Einleitung (S. 2) genannte Ziffer bestätigt ist.

Bei derartigen Berechnungen der Energietönungen werden die Isotopengewichte, also die Gewichte der neutralen Atome, benutzt, obgleich die Reaktionen zwischen den nackten Atomkernen vor sich gehen. Dagegen ist nichts einzuwenden, solange die Zahl der Hüllenelektronen in den neutralen Atomarten auf beiden Seiten der Reaktionsgleichung die gleiche ist und daher bei der Rechnung wegfällt. Dies ist der Fall bei allen binuclearen Reaktionen, dagegen nicht bei Kernumwandlungen unter Aussendung von Positronen.

182. Ausbeute bei Kernreaktionen.

Bei chemischen Reaktionen zwischen Molekülen, Atomen oder Ionen pflegt man die Ausbeute auszudrücken als den prozentualen Bruchteil eines der beteiligten Stoffe, der in der betreffenden Weise reagiert hat.

Dies wäre recht unzweckmäßig bei Kernreaktionen, da nur ein äußerst kleiner Bruchteil der Targetatome bei einer Kernreaktion umgewandelt wird[1]. Man wendet stattdessen eine Größe an, die man den Wirkungsquerschnitt der betreffenden Kernreaktion nennt und gewöhnlich mit σ bezeichnet. Der sog. totale Wirkungsquerschnitt σ_t wird definiert durch:

$$-\frac{d\,I}{I} = \sigma_t\,L\,dx\,. \tag{12}$$

I = Intensität des Projektilstrahls in Anzahl Teilchen pro Sekunde und cm²; L = LOSCHMIDTs Zahl, d. h. Anzahl Atome pro cm³ Targetmaterial; x = Weglänge des Strahls im Präparat. Setzt man die Dimensionen in Gl. 12 ein, so findet man, daß σ die Dimension cm² hat. Der Wirkungsquerschnitt ist also, wie der Name andeutet, eine Fläche. Will man ein anschauliches Bild haben, so kann man sagen, daß σ die effektive Fläche ist, die der betreffende Atomkern für die betreffende Strahlung darbietet. Diese Fläche hängt natürlich mit dem geometrischen Querschnitt des Targetkerns πR_0^2 zusammen; in bezug auf die Reaktionsausbeute kann der Kern sich aber verhalten, als wenn er einen anderen Querschnitt, nämlich σ hat, der sowohl größer als auch kleiner als der geometrische sein kann. Der geometrische Querschnitt ist für alle Atomkerne von der Größenordnung 10^{-24} cm². Als Einheit für σ wird daher $10^{-24} = 1$ „barn" angewendet.

Ein Vergleich mit der Gl. 16-1 zeigt, daß $\sigma_t L$ als Absorptionskoeffizient [cm⁻¹] zu betrachten ist, d. h.

$$\sigma = \mu/L = \frac{\mu}{\varrho}\,\frac{M}{\mathsf{N}}\,. \tag{13}$$

Der durch Gl. 12 definierte Wirkungsquerschnitt ist der totale und ein Ausdruck für die Wahrscheinlichkeit, daß irgendeine Reaktion (inkl. Streuung) geschieht. σ_t besagt dagegen nicht, wie groß die Ausbeute an B_1 oder B_2 oder allgemein B_i ist (vgl. Gl. 3). Man kann jedoch jeder Reaktion ihren speziellen Wirkungsquerschnitt σ_i zuschreiben, wobei gilt:

$$\sigma_t = \sum \sigma_i\,. \tag{14}$$

Die Geschwindigkeit, mit der eine radioaktive Atomart bei der Bestrahlung mit einer konstanten Strahlenquelle gebildet wird, ist durch dieselbe Gleichung wie für die Bildung einer radioaktiven Tochtersubstanz aus einer relativ langlebigen Muttersubstanz auszudrücken. Nach Gl. 13-10 gilt also:

$$A_t = A_\infty\,[1 - \exp\,(-\lambda t)]\,, \tag{15}$$

wobei A_t die nach einer Bestrahlung während der Zeit t und A_∞ die nach unendlich langer Bestrahlung gebildete absolute Aktivität ist.

---

[1] Eine Ausnahme bilden die Kernkettenreaktionen (s. oben).

Die Menge der gebildeten Atomart nähert sich also einem Grenzwert, wenn die Bestrahlungszeit lang wird im Verhältnis zur Halbwertszeit der Atomart. Im Gleichgewicht ist die Zahl der pro Zeiteinheit neugebildeten Kerne gleich der pro Zeiteinheit transmutierenden.

Angenommen, man bringt einen Stoff mit dem Einfangsquerschnitt σ_t für langsame Neutronen in einen Strom langsamer Neutronen mit einem Neutronenfluß von $\Phi\ \mathrm{cm^{-2}\,s^{-1}}$. In jedem Querschnitt q werden dann $q\,(-\,d\Phi/dx)\,dx$ Neutronen pro Sekunde eingefangen. Ist die Dicke des Präparates b, also das Volumen $V = b\,q$, so werden also im ganzen Präparat $v = b\,q\,(-\,d\Phi/dx) = V\,(-\,d\Phi/dx)$ Neutronen eingefangen und ebensoviel Produktkerne gebildet. Nach der Definitionsgleichung für σ (Gl. 12) ist:

$$-\,d\Phi/dx = \sigma\,L\,\Phi \tag{16}$$

folglich

$$v = VL\,\sigma\,\Phi = \frac{G}{M}\,\mathsf{N}\,\sigma\,\Phi\,. \tag{17}$$

VL ist die Anzahl Atome im ganzen Präparat, d. h. auch gleich der Anzahl Mole (G/M) mal Avogadros Zahl N. Gl. 17 gilt unter der Voraussetzung, daß σ so klein ist, daß man die Störung des Neutronenflusses Φ durch das Hereinbringen des Präparates vernachlässigen kann. Aus Gl. 15 und 17 erhält man mit $v = \varLambda_\infty$ schließlich:

$$\varLambda_t = \frac{G}{M}\,\mathsf{N}\,\sigma_t\,\Phi\,[1 - \exp\,(-\,\lambda t)]\,. \tag{18}$$

Wird σ_t in barn $(10^{-24}\ \mathrm{cm^2})$ und Φ in $\mathrm{cm^{-2}\,s^{-1}}$ eingesetzt, so erhält man $\varLambda_t$ in Millicurie aus:

$$\varLambda_t\,[\mathrm{mc}] = 1{,}63 \cdot 10^{-8}\,\frac{G}{M}\,\sigma_t\,\Phi\,[1 - \exp\,(-\,\lambda t)]\,. \tag{18a}$$

Die Einfangquerschnitte für thermische Neutronen sind in Tab. 311 angegeben. Mit Hilfe dieser Werte und Gl. 18a können daher die Ausbeuten bei (n, γ)-Reaktionen bei bekanntem Neutronenfluß angenähert berechnet werden. Der Wert des Klammerausdrucks $[1 - \exp\,(-\,\lambda t)]$ wird dabei am einfachsten aus Tab. 302 abgelesen.

2. Anwendungen.

20. Die Isotopenmethoden.

200. Die prinzipiellen Möglichkeiten.

Die radioaktiven Isotope der Elemente kommen heute in ständig
steigendem Ausmaß zur Anwendung in der medizinischen und indu-
striellen Praxis und in unzähligen Forschungsgebieten. In allen diesen
Fällen sind die radioaktiven Isotope also nicht Studienobjekt, sondern
Hilfsmittel, wertvolle Werkzeuge für die Lösung von praktischen
Problemen oder Forschungsaufgaben. Wie man sich leicht überlegt,
gibt es drei prinzipielle Möglichkeiten, d. h. diese und nur diese drei
Möglichkeiten, radioaktive Isotope anzuwenden (Tab. 1).

Tabelle 20-1.

ANGEWANDTE RADIOAKTIVITÄT

Radioisotope als Strahlenquellen	Radioisotope als Leitisotope	Radioaktivität als Zeitmaß
in der medizinischen Radiologie Strahlenbiologie Strahlungschemie technischen Radiologie	in der Medizin Biologie Chemie Physik Technik	in der Kosmologie Geologie Paläontologie

Zunächst einmal kann man die Kernstrahlungen ausnutzen, also die
Radioisotope als Strahlenquellen anwenden. Diese Anwendungen
gründen sich auf die Wechselwirkung der Kernstrahlungen mit Materie.
Teils benutzt man die Einwirkung der Strahlung auf lebende oder un-
organische Materie, um diese in gewünschter Weise zu verändern, z. B. in
der medizinischen Strahlentherapie, und teils benutzt man umgekehrt
die Einwirkung der Materie auf die Strahlung, d. h. die Streuung und
Absorption, um daraus Rückschlüsse auf den Zustand der bestrahlten
Materie zu ziehen, z. B. bei der technischen Materialprüfung mittels
γ-Radiographie.

Zweitens kann man die Unterscheidbarkeit von isotopen Atomarten
(bei gleichem chemischen Verhalten) und/oder ihre leichte Nachweisbarkeit ausnutzen. Man kann also die gewöhnlichen Atome eines Elementes,
z. B. von Natrium, durch Zusatz eines speziellen Isotops dieses Elementes, z. B. von Radionatrium Na-24, „markieren". Die Radionatrium-
atome haben praktisch die gleichen atomaren Eigenschaften wie die

gewöhnlichen Natriumatome und verhalten sich daher bei allen Veränderungen des Systems genau wie diese. Dank der Radioaktivität des Na-24 ist man aber in der Lage, die radioaktiven Natriumatome leicht von den stabilen Na-Atomen zu unterscheiden und sie zudem äußerst empfindlich nachzuweisen. Der Weg des markierten Elementes, z. B. beim Stoffwechsel oder bei einem Diffusionsprozeß, kann daher verfolgt werden, indem der Weg des radioaktiven Isotops beobachtet wird. Diese Methode der Ausnutzung der leichten Nachweisbarkeit und Unterscheidbarkeit von Isotopen wird im folgenden Leitisotopmethode genannt[1].

Drittens kann man schließlich die konstante Geschwindigkeit radioaktiver Umwandlungen als Zeitmaß verwenden, z. B. in der Geologie, um das Alter von Mineralien oder das Alter der Erde zu bestimmen, oder in der Paläontologie, um das Alter ausgestorbener Tiere und Pflanzen festzustellen. Diese Altersbestimmungen basieren sich natürlich auf der Tatsache, daß die radioaktiven Umwandlungen mit konstanter, von allen äußeren Faktoren unbeeinflußter Geschwindigkeit ablaufen. Die folgende Darstellung beschränkt sich auf eine Behandlung der Anwendungen von radioaktiven Atomarten als Strahlenquellen und als Leitisotope.

Aus der folgenden Tab. 2 läßt sich ersehen, welche Anwendungsgebiete und welche Radioisotope bisher die wichtigste Rolle gespielt haben, zum mindesten für die Isotopensendungen von Oak Ridge.

Tabelle 20-2. *Isotopensendungen von Oak Ridge National Laboratory, Oak Ridge, Tenn., USA, von August 1946 bis September 1951, aufgeteilt 1. nach Anwendungsgebieten, 2. nach Isotopen (nach* AEBERSOLD *und* RUPP *[A10]).*

Mediz. Therapie	9920 oder 47%	
Tierphysiologie	4599 „ 22%	
Pflanzenphysiologie	928 „ 4%	28%
Bakteriologie	354 „ 2%	
Physik	1386 „ 7%	
Chemie	1063 „ 5%	
Industrie	880 „ 4%	
Andere Anw.	1813 „ 9%	
	20943 100%	

---

[1] HEVESY und PANETH habe in ihren klassischen Arbeiten über die Anwendung radioaktiver Atomarten zur Markierung chemischer Substanzen die radioaktiven Atomarten als „radioaktive Indicatoren" und die Methode als „Indicatormethode" bezeichnet. In der angelsächsischen Literatur sind heute die Worte „tracer" und „tracer techniques" allgemein gebräuchlich. Das hier gebrauchte Wort „Leitisotop" soll die Gedanken zu einem Isotop führen, das den Forscher leitet (dank der Unterscheidbarkeit von isotopen Atomarten und/oder der leichten Nachweisbarkeit). Die Assoziation zu Worten wie Leitstern, Leitfaden usw. dürfte sich auch leicht einstellen.

```
Jod-131  . . . . . . .  7779 oder 37,1%
Phosphor-32  . . . . .  6228   „   29,7%
Kohlenstoff-14  . . . .  993   „    4,7%
Natrium-24  . . . . .   828   „    4,0%
Gold-198 . . . . . . .  483   „    2,3%
Schwefel-35 . . . . . . 443   „    2,1%
Kobalt-60  . . . . . .  405   „    1,9%
Kalium-42 . . . . . .   358   „    1,7%
Calcium-45 . . . . . .  326   „    1,6%
Eisen-55. 59  . . . . . 246   „    1,2%
Strontium-89, 90  . . . 139   „    0,7%
Andere  . . . . . . . 2715   „   13,0%
                     ‾‾‾‾‾‾  ‾‾‾‾‾‾‾
                     20943   100 %
```

Über den steigenden Verbrauch an Radioisotopen in Deutschland von 1949 bis 1951 und die hauptsächlich benutzten Radioisotope gibt die folgende Tab. 3 Auskunft[1].

Tabelle 20-3[1].

	1949		1950		1951	
	1. Halbjahr	2. Halbjahr	1. Halbjahr	2. Halbjahr	1. Halbjahr	2. Halbjahr
	mc		mc		mc	
Jod-131 . . .	25	100	350	800	3300	3400
Phosphor-32 .	50	250	400	900	1800	1700
Kobalt-60 . .			50	300	3100	9800
Iridium-182 . .			250	1600	3200	4200
Na-24, K-42, Br-82, Au-198			75	200	1600	2250
Sonstige . . .	25	50	25	75	300	200
Summe	100	400	1150	3875	13300	21550

201. Radioaktive Strahlenquellen.

In der Radiologie kommen alle radioaktiven Strahlenarten zur Anwendung, also α-, β-, γ- und Neutronenstrahlung.

Als α-*Strahler* werden in der Hauptsache die natürlich radioaktiven Atomarten Radium oder Radon und ihre α-strahlenden Folgeprodukte (vgl. Abb. 11-1) sowie Polonium-216 verwendet. Die Daten dieser und anderer α-Strahler findet man in Tab. 311. Die wichtigste Anwendung der α-Strahler ist vielleicht die für die Herstellung von Neutronenquellen (s. unten). Weiterhin werden α-Strahler dann benutzt, wenn eine starke, aber räumlich eng begrenzte Ionisationswirkung erzielt werden soll. Da α-Strahlung leicht absorbiert wird, müssen α-Strahler unverpackt oder nur durch sehr dünne Folien von dem Bestrahlungsobjekt getrennt zur Anwendung kommen. Das Strahlenschutzproblem reduziert sich zu

[1] Diese Angaben verdankt der Verfasser Frau Dr. Meyer-Schützmeister, Göttingen.

Vorsichtsmaßnahmen, um direkte Kontamination der Haut oder Einführung in den Körper zu verhindern.

Als *β-Strahler* steht eine große Zahl verschiedener Radioisotope zur Verfügung, wie aus Tab. 311 hervorgeht. Oftmals will man reine β-Strahler ohne begleitende γ-Strahlung anwenden. Einige reine β-Strahler sind, geordnet nach der Härte der Strahlung, in Tab. 312 zusammengestellt. Abb. 1 zeigt eine β-Strahlenquelle für medizinische Zwecke. Die Kapsel am einen Ende des Stabes enthält etwa 25 mc der

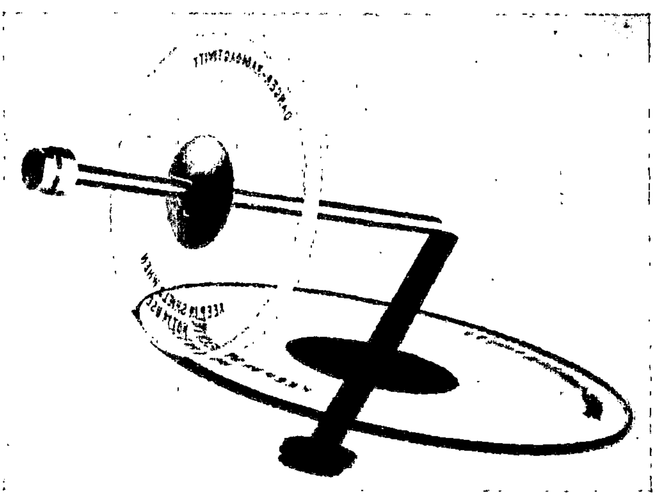

Abb. 20-1. β-Strahlenquelle (etwa 25 mc Sr-90) für medizinische Zwecke (Herst. Tracerlab Inc., Boston, Mass., USA).

Atomarten Sr-90 (19,9 a) + Tochtersubstanz Y-90 (2,54 d), die beide reine β-Strahler sind (vgl. Tab. 312). Eine Kunststoffscheibe genügt daher als Strahlenschutz für die Hand des Arztes. Eine besondere Art von β-Strahlenquelle erhält man (vgl. BIZZELL et al. [B 19]) aus Bakelit, der mit rotem Phosphor gemischt in geeignete Form gebracht und in einem Kernreaktor für einige Wochen bestrahlt wird, wobei durch ^{31}P (n,γ)-Reaktion P-32 gebildet wird. Oft werden runde Platten von etwa 5 mm Dicke und 7,5 mm Durchmesser angewendet, für spezielle Zwecke kann man aber auch aktive Bakelitgehäuse oder andere Anordnungen aufbauen. Die Dosisleistung (vgl. § 32) kann z. B. 15000 rep/h an der Bakelitoberfläche betragen.

Einige wichtige *γ-Strahler* und ihre γ-Strahlungseigenschaften findet man in Tab. 313. Bei der Anwendung von γ-Strahlung oder von β-Strahlern mit begleitender γ-Strahlung ist das Strahlenschutzproblem von großer Bedeutung. Einige Hilfsmittel für die Berechnung der

erforderlichen Abschirmung von γ-Strahlung findet man in Tab. 322.
Die Abb. 2 zeigt einen Behälter für einige 100 mc starke γ-strahlende
Präparate, der geöffnet und geschlossen werden kann, ohne daß die Hand
des Arbeitenden in den Strahlengang gerät. Bei noch stärkeren Präparaten,
wie sie besonders für therapeutische Zwecke und für technische γ-Radiographie benutzt werden, müssen alle Operationen ferngesteuert werden (vgl. Abb. 21-1 und 23-1).

Neutronen müssen immer erst durch eine Kernreaktion erzeugt werden, und die folgende Tab. 4 gibt eine Übersicht über die wichtigsten Neutronenquellen. Typ 1 pflegt man „natürliche Neutronenquellen" zu nennen, Typ 2 und 3 „Photoneutronenquellen" und die übrigen Typen „künstliche Neutronenquellen".

Eine besondere Art von Strahlungsquelle stellen die *Spaltprodukte* dar. Die Mengen von Spaltprodukten, die

Abb. 20-2. γ-Strahlenquelle (Herst. Gamma Rays Ltd., London).

Tabelle 20-4.

Typ	Neutronen-produzierende Kernreaktion	Projektilquelle	Anwendbarer Neutronenfluß (n/cm^2 s)
1	^{9}Be (α,n) ^{12}C	Ra, Rn, Po	10^5 *
2	^{9}Be (γ,n) $2\,^4$He	Ra, Rn, ^{124}Sb, ^{24}Na, ^{140}La	10^3
3	^{2}D (γ,n) ^{1}H	^{72}Ga, ^{24}Na	
4	^{9}Be (d,n) ^{10}B	Hochspannungsanlagen, Zyklotrone usw.	
5	^{7}Li (d,n) ^{8}Be	Hochspannungsanlagen, Zyklotrone usw.	10^5—10^9
6	^{7}Li (p,n) ^{7}Be	Hochspannungsanlagen, Zyklotrone usw.	
7	^{2}D (d,n) ^{3}He	Hochspannungsanlagen, Zyklotrone usw.	
8	^{235}U (n,f)	Kernreaktoren	10^{10}—10^{12}

* Die Anzahl von einer $RaBr_2$-Be-Neutronenquelle pro Sekunde ausgesandter Neutronen kann nach ANDERSON und FELD [A 7] aus folgender Gleichung berechnet werden:

$$N = 1{,}7 \cdot 10^7 \frac{G_{Be}}{G_{Be} + G_{RaBr_2}} \left[\frac{n/s}{Gramm\ Ra} \right].$$

in Zusammenhang mit der Plutoniumproduktion anfallen, entsprechen vielen Millionen Curie-Einheiten, und bei dem Betrieb zukünftiger Atomkraftwerke werden ebenfalls gewaltige Mengen von Spaltprodukten als Nebenprodukte produziert werden. Diese Spaltprodukte können en bloc oder mehr oder weniger getrennt zur Anwendung kommen und werden zukünftig voraussichtlich eine bedeutende Rolle als Strahlenquelle spielen[1].

In der folgenden Tabelle 5 sind die wesentlichsten Spaltprodukte und deren Strahlungseigenschaften zusammengestellt.

Tabelle 20-5. *Die als Strahlungsquellen wichtigsten Spaltprodukte (ein Pfeil markiert radioaktive Tochtersubstanz).*

Atomart	Ausbeute bei ^{235}U (n, f) [%]	Halbwertszeit	β-Energie [MeV]	γ-Energie [MeV]
Strontium-89	4,6	54,5 d	1,463	keine
Strontium-90		19,9 a	0,531	keine
↓	5,3			
Yttrium-90		2,54 d	2,18	keine
Yttrium-91	5,4	61 d	1,537	0,2; 1,22
Zirkonium-95		65 d	0,39 [98] 1,0 [2]	0,73 u. a.
↓	6,4			
Niob-95		38,7 d	0,146	0,758
Technetium-99 . . .	6,2	0,94 · 10⁶ a	0,30	keine
Ruthenium-103 . . .	3,7	39,8 d	0,222[94]0,684[6]	0,494
Ruthenium-106 . . .		330 d	0,0392	keine
↓	0,5			
Rhodium-106		30 s	3,55 [80] 2,3 [20]	1,25 [5—10] 0,73 [≈90] 0,51 [≈90]
Cäsium-137		33 a	0,518[96] 1,18[4]	
↓	6,2			
Barium-137m		2,6 m	keine	0,6614
Cer-144		310 d	0,348	keine
↓	5,3			
Praseodym-144 . . .		17 m	2,87	2,60
Promethium-147 . . .	2,6	2,26 a	0,22	keine

Wie schon erwähnt, wird bei den Anwendungen von Radioisotopen als Strahlenquellen die Wechselwirkung der Strahlungen mit Materie ausgenutzt. Die Wirkung der Kernstrahlungen auf die bestrahlte Materie besteht in erster Linie in einer mehr oder minder starken Ionisation, an welche sich evtl. Sekundäreffekte anschließen. In gewissen Fällen ist auch mit durch die Strahlung induzierten Kernreaktionen zu rechnen. Die Wirkung der Materie auf die Strahlung besteht in einer Schwächung auf Grund von Absorption und Streuung, die für praktische Zwecke ausgenutzt werden kann.

---

[1] Vgl. Coryell und Sugarman [C5], Vol. I, Teil IV, Arbeiten No. 34—43; Stanford Research Inst.: Report on Industrial Utilization of Fission Products, vgl. Nucleon. 8 (1951) No. 5, 5; 10 (1952) No. 1, 45; Cook [C16]; Hosken [H5].

Die allgemeinen Vorteile der radioaktiven Strahlenquellen sind folgende: Sie sind leicht zugänglich, sie erfordern nicht so viel Platz wie eine Röntgenanlage, sie sind leicht transportabel, und ihre Form und Stärke kann in weiten Grenzen variiert werden. Vor allem kann man auch die Art der Strahlung variieren und die für den jeweiligen Zweck vorteilhafteste auswählen.

201. Radioaktive Leitisotope.

Bei allen Anwendungen der oben schon kurz beschriebenen Leitisotopmethode sind es, prinzipiell gesehen, zwei Fragen, die gestellt und möglicherweise beantwortet werden können:

1. Welche Schritte nimmt das betreffende Element beim Transport durch oder bei der Verteilung und Reaktion im untersuchten System?

2. Mit welcher Geschwindigkeit geht diese Bewegung oder Reaktion vor sich?

In Tab. 311 findet man für jedes Element die radioaktiven Isotope angegeben, die sich am besten als Leitisotope für das betreffende Element eignen[1]. Wie aus der Tabelle zu ersehen ist, gibt es heute für praktisch alle Elemente geeignete Leitisotope. Nur im Anfang des Periodischen Systems existieren vier Lücken, und für einige Elemente, nämlich Stickstoff, Sauerstoff, Magnesium und Aluminium sind die radioaktiven Isotope leider sehr kurzlebig, so daß sie nur in Ausnahmefällen angewendet werden können.

Die zur Anwendung kommende Menge der radioaktiven Leitisotope ist, wie ganz allgemein bei der Arbeit mit radioaktiven Stoffen, äußerst gering. Mit Hilfe von Gl. 13-6a kann man leicht berechnen, daß einer Aktivität von 1 Mikrocurie (= $2{,}22 \cdot 10^6$ tpm) folgende Gewichtsmengen einiger wichtiger Radioisotope entsprechen:

Tabelle 20-6.

$$1 \ \mu c \ \text{Mn-56} \ (t_{\frac{1}{2}} = 2{,}59 \ \text{h}) \qquad = 4{,}6 \cdot 10^{-14} \ g$$
$$1 \ \mu c \ \text{P-32} \ \ \ \ (t_{\frac{1}{2}} = 14{,}07 \ \text{d}) \qquad = 3{,}4 \cdot 10^{-12} \ g$$
$$1 \ \mu c \ \text{C-14} \ \ \ \ (t_{\frac{1}{2}} = 5589 \ \text{a}) \qquad = 2{,}2 \cdot 10^{-7} \ g$$
$$1 \ \mu c \ \text{U-238} \ (t_{\frac{1}{2}} = 4{,}51 \cdot 10^9 \ \text{a}) = 3{,}0 \ g$$

Bei den Anwendungen von Radioisotopen werden also im allgemeinen immer äußerst kleine, unsichtbare und unwägbare Mengen verwendet; nur bei den längstlebigen Atomarten kann es sich um die Anwendung wägbarer Mengen handeln.

---

[1] Auch getrennte oder angereicherte *stabile* Isotope finden vielfach Anwendung als Leitisotope, insbesondere das schwere Wasserstoffisotop H-2 und die stabilen Sauerstoff- und Stickstoffisotope; dieses Buch beschränkt sich jedoch ausschließlich auf die Anwendungen radioaktiver Leitisotope.

Die Markierung von unorganischen Verbindungen mit einem Radioisotop bedeutet im allgemeinen kein größeres Problem. Sollen z. B. die Silberionen in einer Lösung markiert werden, so wird einfach Radiosilber in Form von z. B. $AgNO_3$ zugesetzt. Feste Verbindungen können leicht auf gewöhnliche Weise durch Fällung, Auskristallisierung usw. unter Zusatz des Radioisotops hergestellt werden. Die Synthese markierter organischer Verbindungen ist dagegen oftmals ein Spezialproblem, besonders wenn es gilt, nur einen Teil der Atome einer Sorte zu markieren, z. B. bei der Synthese von CH_3COOH nur die Kohlenstoffatome in der Methylgruppe, aber nicht die in der Carboxylgruppe. In vielen Fällen muß man für kompliziertere organische Verbindungen eine „Biosynthese" durchführen, d. h. die gewünschte Verbindung muß in einem lebenden Organismus gebildet werden, wobei die radioaktiven Atome mit der Nahrung zugeführt werden[1]. Die Synthese radioaktiv markierter Chemikalien und Arzneimittel ist heute schon ein umfangreiches Spezialgebiet, und eine große Anzahl markierter Verbindungen ist bereits kommerziell zugänglich[2]. Eine nähere Behandlung von geeigneten Synthesenmethoden findet man z. B. bei D. B. MELVILLE in [W5], KAMEN [K2], CALVIN et al. [C10], TORDAI [T3] und CROMPTON, WOODRUFF [C17].

Die Leitisotopmethode beschränkt sich nicht nur auf die Anwendung von Isotopen der zu untersuchenden Elemente. Oftmals werden auch nichtisotope Atomarten verwendet, z. B. bei der Anwendung von Radiobarium für die Kontrolle der Strömungsgeschwindigkeit in geschlossenen Leitungen (§ 231) oder bei der Anwendung radioaktiver Edelgase zur Untersuchung des thermischen Verhaltens fester Stoffe (§ 221). In diesen Fällen werden also nicht die Isotopeigenschaften, sondern *allein* die leichte Nachweisbarkeit der radioaktiven Atome, die oft alle anderen analytischen Methoden weit übertrifft, ausgenutzt.

Es ist nicht immer möglich bzw. erforderlich, mit einem reinen Leitisotop zu arbeiten; oftmals muß bzw. kann ein Gemisch mehrerer Atomarten (z. B. verschiedene Spaltprodukte) benutzt werden, wobei dann die Aktivität der interessierenden Komponente für sich gemessen wird. Dies kann geschehen durch Analyse der komplexen Umwandlungskurve oder der komplexen Absorptionskurve (vgl. HUME [H27]).

Schließlich sei auch auf einige Begrenzungen der Leitisotopmethode hingewiesen. Zunächst einmal existieren, wie schon erwähnt, von einigen Elementen, nämlich O, N, Al und Mg, nur so kurzlebige Isotope, daß ihre Verwendung als Leitisotope nur in Ausnahmefällen möglich ist.

---

[1] Siehe M. GIBBS in [B20].

[2] Zum Beispiel von Tracerlab, Inc., Boston, Mass.; Nuclear Instruments and Chemical Corp., Chicago, Ill. (Spezialität Biosynthesen); Abbott Laboratories, Inc., Chicago, Ill. (radioaktive Arzneimittel).

In anderen Fällen, insbesondere bei H-3 und C-14, ist die ausgesandte Strahlung so weich, daß eine sehr verfeinerte und folglich kompliziertere Meßtechnik erforderlich wird. — Eine stillschweigende Voraussetzung bei Anwendungen der Leitisotopmethode ist, wie schon oben erwähnt, daß das Radioisotop die gleichen atomaren Eigenschaften wie das stabile Element besitzt. Diese Voraussetzung ist praktisch im allgemeinen erfüllt, in gewissen Fällen und unter gewissen Umständen ist es doch von Bedeutung, die Unterschiede zwischen den Isotopen, den „Isotopie-Effekt", zu beachten. Diese Unterschiede hängen mit den etwas verschiedenen Nullpunktsenergien zweier Isotope, d. h. letzten Endes mit den etwas verschiedenen Schwingungsfrequenzen auf Grund des Massenunterschiedes zusammen[1]. Dieser Effekt kann bekanntlich durch Hintereinanderschaltung vieler Schritte sogar zur Trennung von Isotopen ausgenutzt werden[1]. Für die Leitisotopmethode kann der Isotopie-Effekt z. B. beim Studium reaktionskinetischer Probleme von Bedeutung werden. Es liegt dabei in der Natur der Sache, daß der Effekt am ehesten bei leichten Elementen zu beobachten sein wird. Ausgesprochene Isotopie-Effekte kann man erwarten bei der Arbeit mit Tritium[2], das tatsächlich wesentlich andere Eigenschaften als gewöhnlicher Wasserstoff besitzt. Aber auch bei der Arbeit mit C-14 und anderen leichteren Leitisotopen ist es notwendig, die Möglichkeit von Isotopie-Effekten im Auge zu haben[3].

Eine andere Voraussetzung für korrekte Resultate bei Anwendungen der Leitisotopmethode ist, daß die Strahlung der radioaktiven Atome keinen merklichen Einfluß auf das untersuchte System hat. Infolge der relativ großen Empfindlichkeit biologischer Systeme für radioaktive Strahlung wird man vor allem bei der Untersuchung derartiger Systeme vor dem Strahlungseffekt auf der Hut sein müssen und wird sich bemühen, die spezifische Aktivität nicht unnötig groß zu machen[4].

21. Radioisotope in der Biologie und Medizin.

210. Isotopentherapie und Strahlenbiologie[5].

In der medizinischen Radiologie wendet man neben der Röntgenstrahlung seit langem Radiumpräparate für die strahlungstherapeutische Behandlung von Systemkrankheiten und Geschwulsten an. In neuerer

---

[1] Vgl. CLUSIUS [C9].

[2] Siehe MELANDER [M3].

[3] Siehe YANKWICH [Y1] und J. BIEGELEISEN in [B6].

[4] Vgl. HEVESY [H14].

[5] Siehe HAHN [H13], WEILAND [W15], ZIRKLE (Z9], LEA [L9], TABERN, TAYLOR und GLEASON [T4a], E. C. DOUGHERTY in [S12], WILSON [W5], RUF und PHILIPP [R13], SCHUBERT [S8], Brookhaven Report [B20], USAEC [U2], WOOD [W14] (Radiophosphor), Schweiz. Isotopenkom. [I7]; in diesen Arbeiten praktisch vollständige Verzeichnisse der Originalliteratur.

Zeit geht man dazu über, auch künstliche Atomarten, z. B. Co-60, Sr-90 usw., für die äußerliche Strahlenbehandlung anzuwenden, und in einigen Jahren werden vielleicht Röntgenstrahlen, und vor allem Radium, nur noch eine untergeordnete Rolle in der Strahlentherapie spielen[1]. Der Anlaß dazu ist einmal, daß die künstlichen Radioisotope besser dem jeweiligen Zweck angepaßt werden können und weiterhin, daß sie billiger sind, d. h. daß man wesentlich stärkere Präparate anwenden kann und damit zu kürzeren Bestrahlungszeiten kommt[2]. Abb. 1 zeigt eine „γ-Strahlkanone" für therapeutische Zwecke, die für nicht weniger als 1000 Curie Co-60 konstruiert worden ist.

Bei einer äußerlichen Strahlenbehandlung einer Geschwulst im Körper werden notwendigerweise auch gesunde Körperteile von der Strahlung getroffen. Erwünscht ist natürlich eine größtmögliche Schädigung der Zellen des Krankheitsherdes ohne nennenswerte Schädigung von gesunden

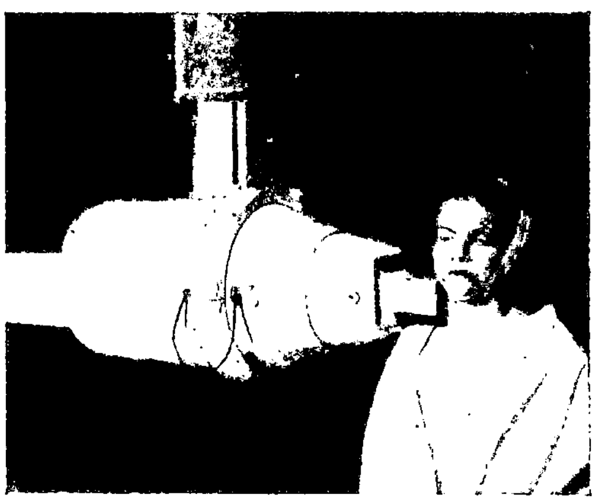

Abb. 21-1. γ-Strahlenquelle für therapeutische Zwecke für 1000 mc Co-60 (aus Nucleonics, McGraw-Hill, Sept. 1951).

Zellen. Eine derartige selektive Einwirkung kann dadurch verwirklicht werden, daß gewisse Elemente eine spezifische Affinität zu den verschiedenen Zellarten des Körpers haben. So wird z. B. Jod in der Schilddrüse angereichert, Strontium und Phosphor in der Knochensubstanz. Krankheiten, die ihren Herd in der Schilddrüse

---

[1] Vgl. HAHN und SHEPPARD [H21] und die Vorträge auf der 37. Tagung der Radiological Society of North America, Dez. 1951.

[2] Angenommen, eine γ-Strahlenquelle mit 2 g Radium, wie sie in vielen Krankenhäusern angewendet wird, gibt 300 Röntgen pro Stunde (r/h) in 5 cm Abstand. Soll ein Patient z. B. eine Tagesdosis von 600 r bekommen, so muß man also 2 Stunden lang bestrahlen. Eine γ-Strahlenquelle mit z. B. 100 Curie Co-60, die immer noch billiger ist als 2 g Radium, hat nach Tab. 17-2 eine Ionisierungsintensität, die

$$\frac{100 \cdot 1{,}3}{2 \cdot 0{,}84} = 77{,}3$$

also 77 mal so groß ist wie die von 2 g Radium (gleiche Geometrie, Absorptionsverhältnisse usw. vorausgesetzt). An Stelle von 2 Stunden braucht man daher nur etwa 1,5 Minuten zu bestrahlen.

haben, besonders Hyperthyreosen können daher mit Hilfe von Radiojod (J-131), das dem Körper zugeführt wird, bekämpft werden[1]. Auch eine innere Strahlentherapie mit Radiophosphor (P-32) wird schon erfolgreich gegen gewisse Krankheiten der blutbildenden Organe angewendet, vor allem gegen Polycythämie und gewisse Formen der Leukämie[2]. Umfangreiche Untersuchungen sind im Gange, um geeignete, radioaktiv markierte Verbindungen zu finden, die in krebskranken Zellen angereichert werden. Besonders kolloides und mit Au-198 markiertes Gold wird angewendet[3]. Daß auf diesem Gebiet noch große Fortschritte erzielt werden können, erscheint nicht unwahrscheinlich, und die Bedeutung von positiven Resultaten kann kaum überschätzt werden.[4]

Ein interessanter Gedankengang liegt hinter den Versuchen, eine Kernreaktion in dem Krankheitsherd selbst durchzuführen. Man hat z. B. versucht, Bor in krebskrankem Gewebe anzureichern und danach mit langsamen Neutronen zu bestrahlen, wobei durch eine Kernreaktion zwischen Neutronen und Bor α-Partikel freigemacht werden, die eine sehr intensive und auf die nächste Umgebung der Boratome konzentrierte biologische Wirkung haben.

Die Biologie wendet radioaktive Strahlenquellen z. B. für die Erzeugung von Mutationen an, d. h. von erblichen Veränderungen der Gene, den Trägern der Erbanlagen (Strahlengenetik). Die Genetik hat durch diese Möglichkeit große Impulse erhalten und wichtige Resultate erzielt[5].

Ob Kernstrahlung das Wachstum von Pflanzen und ihre Qualität in günstiger Richtung beeinflussen kann, ist noch nicht klargelegt. Intensive Versuche sind doch im Gange, um den Wert von „radioaktiven Düngemitteln" zu erforschen[6].

Die Strahlenbiologie studiert die Einwirkung von ionisierenden Strahlungen auf lebende Organismen, um die biologischen Wirkungen und den atomaren Mechanismus bei diesen Effekten zu erforschen, teils im Hinblick auf die Strahlentherapie und teils im Hinblick auf die Probleme des Strahlenschutzes[7].

---

[1] Siehe S. Hertz in [W 5], A. Vannotti in [I 7], Ruf und Philipp [R 13].

[2] Siehe E. C. Dougherty und J. H. Lawrence in [L 6] Bd. 1; B. E. Hall in [W 5]; Wood [W 14], A. Vannotti in [I 7].

[3] Siehe Hahn und Carothers [H 20].

[4] Vgl. Sammelbericht von Brucer et al. [B 22].

[5] Siehe Timoféeff-Ressovsky und Zimmer [T 8], Schubert [S 8] Teil A Kap. VII und dort zitierte Literatur; Brookhaven Report [B 20].

[6] Siehe [N 6].

[7] Siehe Lea [L 9], Zirkle [Z 9], Schubert [S 8], Ciba Foundation Conference [C 23] Teil III.

211. Leitisotope in der Diagnostik und Biologie[1].

Als Beispiel für die Anwendung von Leitisotopen in der medizinischen Diagnostik sei erwähnt, daß mit Na-24 markierte physiologische Kochsalzlösungen angewendet werden, um das Zirkulationssystem im Organismus zu kontrollieren[2]. Störungen geben sich durch verlangsamte Zirkulation zu erkennen, und die Störung kann evtl. auch durch äußerliche Strahlenmessung lokalisiert werden. Die Methode wurde auch angewendet, um zu entscheiden, wo ein chirurgischer Eingriff am zweckmäßigsten geschieht. — Radiojod hat bereits ausgedehnte Anwendung für die Diagnose von Schilddrüsenkrankheiten[3] und von Gehirntumoren[4] gefunden. — Gewisse Stoffe werden in entzündetem Gewebe angereichert. Der Entzündungsherd kann daher, falls er nahe der Körperoberfläche liegt, mittels Leitisotop lokalisiert werden. Für die Diagnose von oberflächlichen, malignen Tumoren hat man P-32 angewendet, da Phosphor unter gewissen Umständen in schnell wachsenden Zellen angereichert wird (da er am erhöhten Nukleoproteid-Stoffwechsel der Tumorzellen teilnimmt), so daß der Herd eine von außen meßbare größere Aktivität als die gesunde Umgebung aufweist[5]. — Eine Bestimmung des Blutvolumens kann durchgeführt werden, indem eine bekannte Aktivität, z. B. von P-32, dem Zirkulationssystem zugesetzt wird und die Veränderung des spezifischen Aktivität nach gleichmäßiger Verteilung der Aktivität im Blutvolumen gemessen wird. Diese wichtige Methode wurde erstmals von HEVESY [H 19] abgegeben und besonders von NYLIN [N 9] benutzt und ausführlich beschrieben.

Es ist ohne weiteres klar, daß die Möglichkeit, den Weg eines Elementes und seine schließliche Lokalisation durch Markierung mit einem radioaktiven Isotop zu verfolgen, große Bedeutung für das Studium aller Stoffwechselvorgänge im tierischen und menschlichen Organismus hat[6]. Während man früher auf sehr summarische Untersuchungen der zugeführten und ausgesonderten Nahrungsstoffe angewiesen war, kann man nun den Weg jedes Elementes durch den Organismus verfolgen. Der Stoffwechsel von gewöhnlichen Nährstoffen (Eiweiß, Fetten und

---

[1] Vgl. HEVESY [H4] [H 14], TABERN, TAYLOR und GLEASON [T 4], KAMEN [K 2], SIRI [S 12], WILSON [W 5], SCHUBERT [S 8], RUF und PHILIPP [R 13], WOOD [W 14], GLASCOCK [G 14], Schweizer. Isotopenkomm. [I 7], Brookhaven Report [B 20], SÜE [S 16], Ciba Foundation Conference [C 23], USAEC [U 2] und in diesen Arbeiten zitierte Originalliteratur.

[2] Siehe QUIMBY [Q 1].

[3] Siehe SKANSE [S 9].

[4] Vgl. TABERN, TAYLOR und GLEASON [T 4].

[5] Vgl. HEVESY [H 4], CRAMER und UNGER [C 22].

[6] 75% aller von Oak Ridge, USA, bis Sept. 1951 versandten Radioisotope wurden für medizinische, biologische und biochemische Zwecke angewendet, vgl. Tab. 20-2.

Kohlenhydraten), von Vitaminen und von mineralischen Elementen, besonders auch der für das Leben notwendigen Spurenelemente (Na, K, Ca, Mg, Cl, Fe, J, Cu, Zn usw.) wurde und wird mittels Leitisotopen studiert. Auch die Reaktionen des Organismus gegenüber der Art, Form oder Menge nach fremde, nicht für die normale Funktion erforderliche Stoffe kann untersucht werden. So wurden pharmakologische Untersuchungen über die Wirkungsweise von Arzneimitteln oder toxikologische Studien über die Einwirkung von Giften durchgeführt[1].

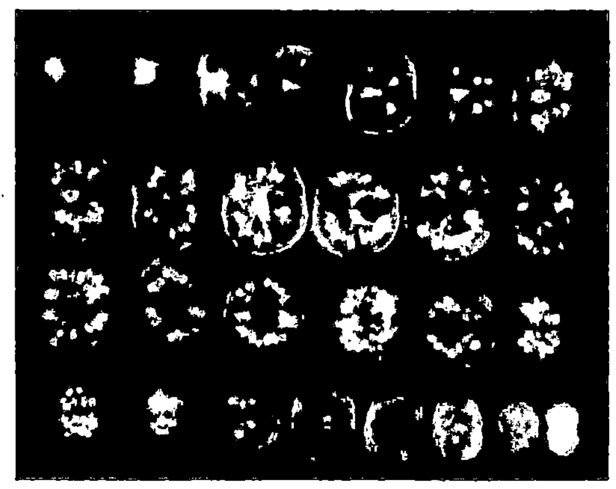

Abb. 21-2. Autoradiographie von mit radioaktivem ZnCl$_2$ markierten Tomatenfrüchten (Aufnahme von P. STOUT, aus POLLARD und DAVIDSON [P7]).

Auch in der Pflanzenphysiologie spielen die Leitisotope schon eine wesentliche Rolle. Umfassende Untersuchungen, besonders mit C-14, P-32, Na-24, S-35, K-42, Br-82, liegen vor über den chemischen und physikalischen Mechanismus bei der Nahrungsaufnahme und dem Transport der Nährstoffe und ihrer Verteilung in Pflanzen[2]. Erwähnt sei auch, daß die Aufnahme von Insektgiften für den Pflanzenschutz durch die Pflanzen und Insekten mit Hilfe von Leitisotopen studiert wird[3]. Die Versuche, das bedeutungsvolle Problem der Kohlensäureassimilation und der Photosynthese mit Hilfe der radioaktiven Kohlenstoffisotope der Lösung näher zu bringen, haben bereits zu wichtigen Resultaten geführt[4].

Abb. 21-3. Photographie (links) und Autoradiographie (rechts) von mit Radiophosphor markiertem Rattenzahn (nach ERBACHER und WANNENMACHER [E7]).

Die Verteilung radioaktiv markierter Stoffe in biologischen Systemen kann oftmals sehr einfach mittels sog. Autoradiographien[5] untersucht

---

[1] Siehe TABERN, TAYLOR und GLEASON [T4b, c].

[2] Siehe RUSSEL [R12], Brookhaven Report [B20], COMAR [C6].

[3] Siehe HEATH [H16].

[4] Siehe CALVIN et al. [C10].

[5] Zur Methodik vgl. YAGODA [Y2], EVANS [E5], GORBMAN [G11]. D. J. AXELROD und J. G. HAMILTON in [N10].

werden. Dazu wird eine plane Fläche der Substanz auf einen Film oder eine Photoplatte gelegt (evtl. mit einer sehr dünnen Glimmerschicht dazwischen, um chemische Beeinflussung der Photoschicht zu vermeiden). Dort, wo am meisten Radioaktivität angesammelt ist, wird man die stärkste Schwärzung des Films finden; die markierte Substanz photographiert sich selbst. Zwei Beispiele findet man in den Abb. 2 und 3.

22. Radioisotope in der Chemie und Physik.

220. Radioaktive Strahlenquellen in der Chemie und Physik.

Die Untersuchung der Einwirkung von Kernstrahlungen auf chemische Systeme und den Mechanismus und die Geschwindigkeit chemischer Reaktionen hat sich zu einem wichtigen Spezialgebiet, der *Strahlungschemie* (engl. radiation chemistry) entwickelt[1]. Die Strahlungschemie steht natürlich in enger Beziehung zur Photochemie. Besonders über die Einwirkung von Kernstrahlungen auf Flüssigkeiten und chemische Reaktionen in Lösungen liegt bereits eine umfassende Literatur vor[1]. Auch die Veränderungen der strukturellen Eigenschaften von *festen* Stoffen in intensiven Strahlungsfeldern können bedeutend sein[2]. Diese chemischen und physikalischen Aspekte der Strahlenwirkung haben auch große praktische Bedeutung im Zusammenhang mit der Konstruktion von Kernreaktoren und der chemischen Arbeit im Zusammenhang mit deren Betrieb. Viele neue Entdeckungen und Erfahrungen auf diesen Gebieten werden daher noch geheimgehalten.

Für *Krystallstrukturanalysen mit Neutronen* wendet man ein Strahlenbündel monoenergetischer Neutronen in ähnlicher Weise wie Röntgenstrahlung an[3]. Neutronen mit einer Energie von etwa 0,02 eV haben eine Wellenlänge von ungefähr $2 \cdot 10^{-8}$ cm und geben daher Interferenzen mit Krystallen[4]. Die erforderliche Neutronenintensität kann mit Hilfe eines Kernreaktors erzielt werden. Der spezielle Vorteil einer Neutronenanalyse gegenüber der Röntgenanalyse ist folgender: Die Intensität der Röntgeninterferenzen beruht nahezu vollständig auf der Zahl der Elektronen in der Atomhülle. Dies hat zur Folge, daß die Lage sehr leichter Atome, besonders die Lage von Wasserstoffatomen, nicht direkt beobachtet werden kann. Für die Neutroneninterferenzen sind

---

[1] Vgl. LIND [L8], BURTON [B17], ALLEN [A5], [A6], Symposium on Radiation Chemistry and Photochemistry: J. Phys. Coll. Chem. **52** 437 (1948).

[2] Vgl. ALLEN [A6].

[3] Vgl. WOLLAN und SHULL [W10], COCKCROFT [C11], CASSELS [C21].

[4] Ein Teilchen mit der Masse m und der Geschwindigkeit v hat eine DE BROGLIE-Wellenlänge $\lambda_B = h/m\,v = h/(2\,mE)^{\frac{1}{2}}$. Für Neutronen folgt $\lambda_B = 2{,}86 \cdot 10^{-9}/(E\ [\mathrm{eV}])^{\frac{1}{2}}$. Ein Neutronenstrahlbündel mit z. B. 1 MeV Energie hat also eine DE BROGLIE-Wellenlänge von $2{,}86 \cdot 10^{-12}$ cm, ein Neutronenstrahlbündel mit 0,02 eV eine solche von rund $2 \cdot 10^{-8}$ cm.

dagegen die Atomkerne bestimmend, so daß der Einfluß leichter Atome bedeutend ist. Gerade für die Strukturanalyse von wasserstoffhaltigen Verbindungen dürfte also die Neutronenstrukturanalyse von Bedeutung werden. Die ersten Strukturanalysen mittels Neutronen wurden an NaH und NaD ausgeführt[1].

221. Leitisotope in der Chemie und Physik[2].

Die Frage nach der Art und Geschwindigkeit des Transportes, der Verteilung und der Reaktion eines Stoffes ist natürlich auch von praktischem Interesse für nichtbiologische Systeme.

Die analytische Chemie macht sich vor allem die empfindliche Nachweisbarkeit der radioaktiven Atomarten zunutze, dank welcher unwägbare und unsichtbare Substanzmengen quantitativ bestimmt werden können. Eine elegante und effektive Analysenmethode stellen die sog. „*Aktivierungsanalysen*" (engl. activation analysis) dar. Die Methode läuft darauf hinaus, daß man in der Probe eine Kernreaktion induziert, die das zu analysierende Element in eine radioaktive Atomart, deren Aktivität gemessen werden kann, umwandelt[3]. Ein einfaches Beispiel ist die Bestrahlung von Gold mit langsamen Neutronen zwecks Feststellung, ob das Gold silberhaltig ist. Wenn dies der Fall ist, werden bei der Bestrahlung die Silberisotope Ag-108 (2,4 m) und Ag-110 (39 s) gebildet, deren Aktivität leicht beobachtet werden kann. Auch das Gold wird aktiviert, das gebildete Isotop Au-198 hat aber eine sehr viel längere Halbwertszeit (2,7 d), so daß man nach einer Bestrahlung von einigen Minuten oder Sekunden nur die Silberisotope beobachtet. In anderen Fällen kann man den Unterschied in den Wirkungsquerschnitten, in wieder anderen Fällen den Unterschied in den Absorptionskoeffizienten der Strahlungen der gebildeten Radioisotope ausnutzen. Durch Vergleich der induzierten Aktivitäten mit denen, die bei Bestrahlung gleichartiger Proben mit bekanntem Gehalt erzeugt werden, können auch quantitative Analysen durchgeführt werden. Die Anwendungsmöglichkeiten der Methode sind natürlich beschränkt. In den Fällen, wo es möglich ist sie anzuwenden, ist sie aber den üblichen Analysenmethoden oftmals überlegen, sei es an Schnelligkeit oder an Genauigkeit oder dadurch, daß es eine völlig zerstörungsfreie Analysenmethode ist. Die Methode ist z. B. angewendet worden für die Bestimmung des Kohlenstoffgehaltes in Eisen und Stahlproben, für die Analyse seltener Erden und von Mn-, Si- und Na-haltigen Aluminiumlegierungen (Na-Gehalte

---

[1] Siehe Shull et al. [S 25].

[2] Vgl. Wahl und Bonner [W 4] (dort praktisch alle Literatur bis einschließlich 1949 referiert); Tordai [T 7].

[3] Siehe Riezler [R 4], Muehlhouse und Thomas [M 5], Boyd [B 7], Leddicotte und Reynolds [L 4], Taylor und Havens [T 9].

herunter bis zu 0,001% wurden bestimmt). Eine eingehende Behandlung dieser und anderer analytischer Probleme findet man in der oben zitierten Literatur.

Die übrigen Anwendungen der Leitisotopmethode in der analytischen Chemie werden zusammenfassend oft als „radiometrische Analysen" bezeichnet. Als erstes Beispiel seien die „*Isotopenverdünnungsanalysen*" (engl. isotopic dilution analysis) genannt. Die quantitative Abtrennung von z. B. Phosphor für eine gravimetrische Phosphoranalyse kann in gewissen Fällen schwierig sein. Wird zu der Analysenprobe P-32 mit bekannter spezifischer Aktivität zugesetzt und sorgt man für einen vollständigen Austausch mit allen Phosphoratomen in der Probe, so ist es nicht notwendig, eine quantitative Phosphortrennung durchzuführen. Statt dessen kann man sich damit begnügen, einen Teil des Phosphors in irgendeiner Form zu isolieren und dessen spezifische Aktivität zu messen. Die spezifische Aktivität ist jetzt geringer als anfangs, da sich die Radiophosphoratome nun auf eine größere Menge inaktiven Phosphors verteilt haben. Derartige Verdünnungsanalysen haben besondere Bedeutung in solchen Fällen, in denen sich die Forderungen, ein Element quantitativ und gleichzeitig in chemisch definierter Form abzuscheiden, gegenseitig ausschließen. Die Methode kann auch angewandt werden, um das totale Blutvolumen in lebenden Organismen zu bestimmen (s. oben). Eine nähere Behandlung der Methode findet man z. B. bei PANETH [P4], EHRENBERG [E2], KESTON et al. [K3], HENRIQUES und MARNETTI [H6] und HEVESY [H4].

Die *natürlich radioaktiven Elemente* können einfach durch Messung ihrer Radioaktivität analytisch bestimmt werden, Thorium und Uran z. B. durch direkte Zählung der ausgesandten α-Teilchen oder durch Zählung der β-Teilchen eines Folgeprodukts oder durch Messung der Gleichgewichtsmenge Emanation[1].

Sehr wertvoll ist die Möglichkeit, durch Zusatz eines Isotops die *Effektivität von chemischen Trennungen* kontrollieren zu können. So zeigten z. B. ERBACHER und PHILIPP [E3] mit Hilfe von Au-198, daß die Trennung von Au von Pt und Ir bei der bis dahin angewandten Analysenmethode unzureichend war. Viele andere analytischen Trennungsmethoden sind ausgearbeitet oder verbessert worden durch Kontrolle jeden Schrittes mittels Isotopenmessung[2].

EHRENBERG [E2] hat eine große Anzahl spezieller Methoden ausgearbeitet, um mit Hilfe natürlicher Radioisotope als „Indicatoren zweiter Ordnung" analytische Bestimmungen von mit dem Indicator heterotopen Elementen durchführen zu können, z. B. eine Mikrobestimmung von Stickstoff nach KJELDAHL mittels Pb-212 (ThB).

---

[1] Siehe RODDEN [R5], ZIMEN und HEDVALL [Z1].

[2] Vgl. V. J. LINNENBOOM in [W4], TOMPKINS et al., BOYD et al. [T6].

Der Stickstoff wird in Form von NH_3 in eine mit Pb-212 markierte Bleinitratlösung eingeleitet, und die ausfallende Bleihydroxydmenge ist äquivalent der überdestillierten Ammoniakmenge. Heute ist die Anwendung heterotoper Leitatome im allgemeinen nicht mehr aktuell, da für fast alle Elemente geeignete Isotope zur Verfügung stehen. Für eine geringe Zahl von Elementen, z. B. gerade Stickstoff, ist dies doch nicht der Fall, und in derartigen Fällen können EHRENBERGs indirekte Analysenmethoden weiterhin wertvoll sein.

Andere Anwendungen der Leitisotopmethode für analytische Zwecke sind die Bestimmung der Löslichkeit schwerlöslicher oder des Dampfdruckes schwerflüchtiger Verbindungen[1], sowie die Papierchromatographie unter Benutzung von Leitisotopen[2].

Die am meisten in die Augen fallenden Anwendungen der Radioaktivität in der *unorganischen Chemie*[3] sind die Entdeckungen und Untersuchungen neuer Elemente und Verbindungen. So entdeckte und studierte PANETH [P4] die Verbindung BiH_3 unter Verwendung des Wismutisotops Bi-212 (ThC). Verschiedene Isotope der in der Natur nicht vorkommenden synthetischen Elemente Technetium, Promethium und der Transurane[4] ($_{93}Np$ bis $_{98}Cf$) wurden hergestellt und für das Studium der chemischen Eigenschaften dieser Elemente angewendet[5].

Die Untersuchung von *Isotopenaustauschreaktionen,* d. h. des Platzwechsels zwischen Atomen gleicher Sorte, in Gasen, Lösungen und festen Stoffen ist überhaupt erst möglich geworden dank der Leitisotopmethode. Bevor Leitisotope zur Verfügung standen, war es unmöglich, Atome mit gleicher Elektronenkonfiguration zu unterscheiden. Ein Phänomen wie das der Selbstdiffusion war nur als Gedankenexperiment zugänglich, aber nicht beobachtbar. Heute ist es dagegen möglich, festzustellen, mit welcher Geschwindigkeit z. B. die Kupferatome in metallischem Kupfer oder in einer kupferhaltigen Legierung ihre Plätze vertauschen. Die Selbstdiffusion[6] ist eine Funktion der Fehlordnung im Krystallgitter. Auf der anderen Seite bestimmt die Fehlordnung wichtige Materialeigenschaften, wie z. B. das elektrische Leitungsvermögen, oder die Reaktivität bei chemischen Reaktionen, z. B. der Korrosion. Der mit Hilfe eines Leitisotops bestimmte Selbstdiffusionskoeffizient gibt also Auskunft über die Feinstruktur und den von dieser abhängigen Materialeigenschaften.

---

[1] Vgl. PANETH [P4], JORRIS und TAYLOR [J3], V. J. LINNENBOOM in [W4], HALL [H12].

[2] Vgl. WINTERINGHAM et al. [W19], LINDBERG und HUMMEL [L14].

[3] Vgl. MAXTED [M8].

[4] Siehe SEABORG [S18], SEABORG, KATZ und MANNING [S19].

[5] Vgl. C. S. GARNER in [W4].

[6] Vgl. J. H. WANG in [W4], JOST [J6], SEITH [S21], HARWOOD [H18], HEDVALL und LINDNER [H17].

Bei der Untersuchung des Isotopenaustauschs in heterogenen Systemen, z. B. zwischen einer festen Phase und einer Lösung oder einem Gas, kann man außer der Selbstdiffusion in der festen Phase auch die Geschwindigkeit des Vorganges an der Phasengrenzfläche, der Phasengrenzreaktion beobachten[1]. Bezüglich der Leitisotopmethoden in der Korrosionsforschung und der Erforschung der Reaktivität fester Stoffe überhaupt sei auf die Arbeiten von HEDVALL und LINDNER [H17], SEITH [S21], STANLEY [S22] und BARDEEN, BRATTAIN, SHOCKLEY [B15] hingewiesen. WESTERMARK [W8] hat gezeigt, wie Reaktionen an festen Oberflächen mit Leitisotopen untersucht werden können.

Ein sehr umfangreiches Versuchsmaterial liegt bereits über Austauschreaktionen in Lösungen vor[2]. Das Studium derartiger Isotopenaustauschreaktionen ermöglicht insbesondere die Lösung strukturchemischer Probleme[3] (Bindungstyp usw.) und eine Untersuchung des Mechanismus und der Kinetik bei chemischen Umsetzungen und Katalysen in flüssigen Phasen. Austauschreaktionen werden auch mit Vorteil zur Herstellung von radioaktiv markierten chemischen Verbindungen angewendet.

Eine radioaktive Methode, die *Oberfläche fester Stoffe*, besonders von pulverförmigen, zu bestimmen, wurde von PANETH [P4] eingeführt. Schüttelt man z. B. Krystalle von $PbSO_4$ in einer mit Radioblei markierten Lösung von $Pb(NO_3)_2$, so tritt ein kinetischer Platzwechsel zwischen den Bleiatomen in der Krystalloberfläche und in der Lösung ein. Unter der Voraussetzung, daß alle und nur die Oberflächenatome am Austausch teilnehmen, gilt dann, daß sich im stationären Zustand das Radioblei im gleichen Verhältnis zwischen Krystall und Lösung verteilt haben muß wie das Verhältnis der Bleiatome in der Krystalloberfläche und in der Lösung. Aus der gemessenen Aktivitätsverteilung und dem bekannten Bleigehalt der Lösung kann dann die Zahl der Bleiatome in der Krystalloberfläche berechnet werden[4].

Die Anwendungen der Leitisotopmethode in der *Katalysatorforschung,* von denen sicher wesentliche Fortschritte auf diesem wichtigen Gebiet zu erwarten sind, wurden z. B. von TURKEVICH [B8], von KUMMER und EMMETT [B8] und von TURKEVICH et al. [T5] behandelt. Eine interessante Arbeit ist die Untersuchung der Polymerisation von Neopren[5].

Ein Spezialgebiet für die Anwendung der Leitisotopmethode stellt die *Submikrochemie* dar, die das Verhalten chemischer Verbindungen

---

[1] Siehe ZIMEN [Z2], [Z3].

[2] Vgl. ROSENBLUM und FLAGG [R6], SEABORG [S10], Brookhaven Berichte [B6] und [B8], HAISSINSKY [H7] und vor allem WAHL und BONNER [W4].

[3] Siehe z. B. AMES und WILLARD [A8] ($S_2O_3^=$).

[4] Vgl. ZIMEN [Z4] und PANETH [P5].

[5] Siehe MOCHEL und PETERSON [M9].

in extrem geringen Konzentration behandelt[1]. Man untersucht dazu das Verhalten der Radioisotope in trägerfreiem oder nahezu trägerfreiem Zustand. Es ist ohne weiteres klar, daß die Submikrochemie gerade für die chemische Handhabung der Radioisotope selbst, die ja zumeist in Submikromengen vorliegen, von größtem Interesse ist. ERBACHER [E6] zeigte z. B., daß das Massenwirkungsgesetz auch für extrem geringe Konzentrationen gilt. Das elektrochemische und das elektrolytische Verhalten von Stoffen in extrem verdünnten Lösungen wurde von PANETH [P4] [H8], HAISSINSKY [H9] und anderen studiert. Die Verteilung eines Stoffes zwischen zwei Lösungsmitteln kann, auch bei Submikrokonzentrationen, studiert werden[2]. Auch Verteilungsgleichgewichte in festen Phasen wurden vielfach untersucht[3]. Ein besonderes Kapitel der Submikrochemie stellen die sog. Radiokolloide dar. Submikromengen treten oft in kolloider Form auf, was besonders gut an den kolloiden Formen der radioaktiven Atomarten beobachtet und studiert werden kann[4].

HAHNs Emaniermethode.

Eine spezielle Anwendung haben die Emanationen in der von O. HAHN eingeführten „Emaniermethode" gefunden. Diese Methode gründet sich auf folgenden Gedankengang. Wird eine Substanz — beispielsweise Eisenhydroxyd — ausgefällt zusammen mit einer radioaktiven Atomart, die sich gleichmäßig in der Fällung verteilt und die bei ihrer radioaktiven Umwandlung eine Emanation bildet — z. B. Th-228 (RdTh) —, so werden ständig Emanationsatome in der indizierten Substanz entstehen. Der Bruchteil der Emanationsatome, der — bevor diese sich weiter umwandeln — die feste Substanz verläßt, wird Emaniervermögen (EV) genannt. Dieses EV wird, außer von der Halbwertszeit der Emanation, abhängig sein von der Struktur und Oberflächenausbildung der Substanz. So wurde z. B. gefunden, daß Radon ($t_{\frac{1}{2}} = 3{,}8$ d) aus pulverförmigen, krystallisierten Salzen zu einigen Prozent entweichen kann, während aus Eisenhydroxydgelen schon das viel kürzerlebige Thoron ($t_{\frac{1}{2}} = 55$ s) zu über 90% emaniert.

Alle Veränderungen der Struktur oder Oberfläche der indizierten Substanz werden sich in einer Änderung des EV äußern. Durch Beobachtung dieser Veränderungen wurde eine große Zahl von Untersuchungen über *das thermische Verhalten fester Stoffe* bei der Alterung, Trocknung, Wiederbewässerung, Erhitzung, Rekrystallisation, Dissoziation, bei Gitterumwandlungen und bei chemischer Reaktion durchgeführt.

---

[1] Vgl. BONNER in [W4].
[2] Vgl. GRAHAME und SEABORG [G9].
[3] Vgl. HAHN [H10], BONNER in [W4], RIEHL [R7], BOOTH [B21].
[4] Vgl. BONNER in [W4], HAHN [H10], SCHUBERT und CONN [S14].

Als Beispiel zeigt Abb. 1 das Resultat einer Untersuchung über die thermische Zersetzung von Bariumoxalathydrat[1], und Abb. 2 die Veränderungen der Emanationsabgabe aus einem Fe_2O_3-Präparat bei Erhitzung in Sauerstoffatmosphäre[2]. Die letztgenannte Abbildung kann gleichzeitig als Beispiel für die Anwendung der automatischen Emanierapparatur[3] dienen, mit der die Emanationsabgabe und die Temperatur (obere Kurve in Abb. 2) kontinuierlich registriert werden können.

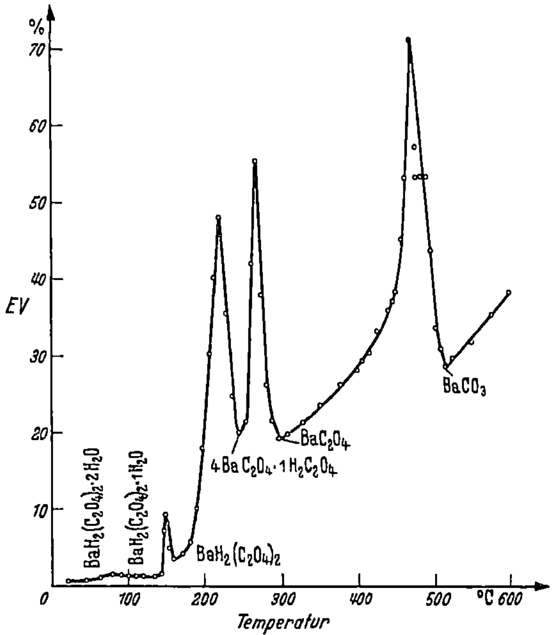

Abb. 22-1. Stufenweise thermische Zersetzung des sauren Bariumoxalates $BaH_2(C_2O_4)_2 \cdot 2\,H_2O$ (nach SAGORTSCHEW [S 11]).

Nach FLÜGGE und ZIMEN [F 4] ist das EV (ε) eines einzelnen Krystalls oder Korns zusammengesetzt aus dem Rückstoßanteil (ε_R) und dem Diffusionsanteil (ε_D), d. h. $\varepsilon = \varepsilon_R + \varepsilon_D$, wobei für den Rückstoßanteil bei z. B. kugelförmigen Körnern gilt:

$$\varepsilon_R = \frac{3}{4}\,x - \frac{1}{16}\,x^3 \quad \left(\text{für } x \equiv \frac{R}{r} \geqq 2\right). \tag{1}$$

R = Rückstoßreichweite, die für jede Emanation aus der Dichte der betreffenden Substanz und dem Atomgewicht und Bremsvermögen der

---

[1] Nach SAGORTSCHEW [S 11].
[2] Nach ZIMEN [Z 7].
[3] Siehe ZIMEN [Z 5].

eingehenden Elemente berechnet werden kann[1]. Um den Rückstoßanteil ε_R und damit die Korngröße aus dem experimentell gemessenen
summarischen Emaniervermögen ε zu bestimmen, kann man entweder
den Temperaturkoeffizienten des EV untersuchen oder das EV für
Radon als Funktion der Zeit messen oder das EV zweier Emanationen
mit verschiedenen Halbwertszeiten, also z. B. von Thoron und Actinon,
bestimmen[2]. In kompaktdispersen Systemen (im Falle des Zusammen-

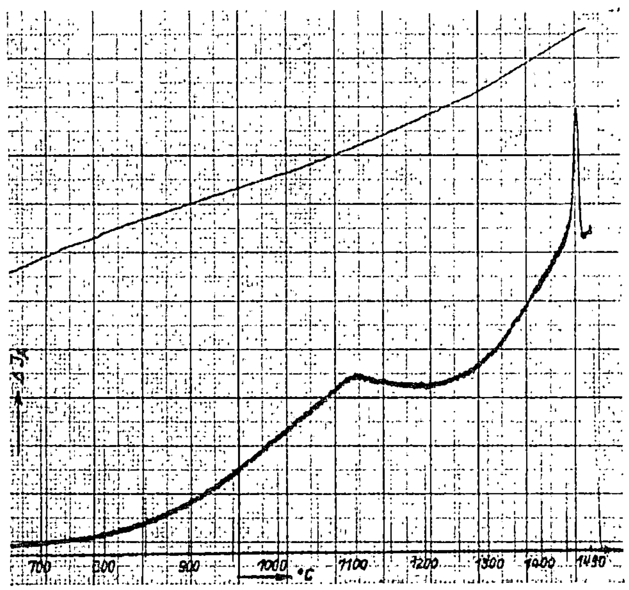

Abb. 22-2. Dissoziation von Fe_2O_3 beim Erhitzen in Sauerstoff nach $3\ Fe_2O_3 \rightarrow 2\ Fe_3O_4 + \frac{1}{2}\ O_2$ bei
1460°C (nach ZIMEN [Z 7]).

wirkens vieler Körner) muß nach ZIMEN [Z 7] ein „direkter" und ein
„indirekter" Rückstoßanteil unterschieden werden, was für die Aus-
wertung des experimentell gemessenen summarischen EV für *Ober-
flächenbestimmungen* wesentlich ist.

Die aus dem Rückstoß-EV ermittelte Oberflächengröße ist dadurch
charakterisiert, daß Unebenheiten bis herunter zur Größenordnung der
Rückstoßreichweite in festen Substanzen (10^{-5} bis 10^{-6} cm) mit erfaßt
werden; bei kompaktdispersen Substanzen auch dadurch, daß die den
Emanationsatomen in Zeiten, die klein gegen ihre mittlere Lebensdauer
sind, zugängliche innere Oberfläche mitgemessen wird.

---

[1] Siehe [F 4] und [Z 7].
[2] Siehe ZIMEN [Z 6].

Aus dem Diffusionsanteil ε_D am EV kann der Diffusionskoeffizient für die Diffusion der Emanationsatome in der festen Substanz ermittelt werden (FLÜGGE, ZIMEN [F4], ZIMEN [Z7]; vgl. auch JOST [J6]).

Besonders geeignet ist die Emaniermethode, um Struktur- und Oberflächenänderungen mit der Zeit, der Temperatur usw. kontinuierlich zu beobachten. Die Begrenzung der Methode liegt darin, daß das zu untersuchende System erst mit einer emanationsbildenden Atomart indiziert werden muß, was oft nicht möglich ist. Die meisten Untersuchungen wurden mit Thoron, einige mit Radon und nur je eine mit Actinon[1] und mit dem künstlich radioaktiven Edelgas Xenon-135[2] durchgeführt. HAHN [H11] hat kürzlich eine Übersicht über die Anwendungsmöglichkeiten und WAHL [W4] eine zusammenfassende Darstellung der Emaniermethode mit vollständigem Literaturverzeichnis bis Anfang 1950 gegeben.

23. Radioisotope in der Technik und Industrie.

230. Radioaktive Strahlenquellen in der Technik und Industrie[3].

In der Technik wird Radium seit langem für die Durchleuchtung und Kontrolle von Schweißstellen und von Gußstücken angewendet, besonders wenn man auf Grund der Probenform die viel Platz beanspruchende Röntgenapparatur nicht anwenden kann. Hierzu sind jedoch sehr starke Radiumpräparate, die nur die größten Industriefirmen zugänglich haben, erforderlich. Heute sind nun billigere künstliche γ-Strahler für die γ-Radiographie[4] zugänglich, was einen großen Vorteil für die routinemäßige Materialprüfung bedeutet. In erster Linie werden Iridium 192, Tantal 182 und Kobalt 60 angewendet. Tab. 1 gibt einige charakte-

Tabelle 23-1.

Atomart	max. γ-Energie [MeV]	Halbwertszeit	Normale Stärke in mc	Anwendungsgebiet bis mm Stahl
Ir-192 . . .	0,6	70 d	2000	ca. 70
Ta-182. . .	0,26	117 d	400	ca. 150
Co-60 . . .	1,33	5,26 a	250	ca. 250

ristische Daten dieser Atomarten. Im allgemeinen werden zwei Präparate abwechselnd angewendet, von denen sich eins immer im Kernreaktor zur Reaktivierung befindet. Abb. 1 zeigt, wie mit einer γ-Strahlmaschine, bei der das Präparat nach Öffnung des Verschlusses durch Fernmanövrierung hoch- und aus dem Behälter herausgeschoben

---

[1] An γ FeOOH, ZIMEN [Z5].
[2] An AgJ, ZIMEN [Z5].
[3] Vgl. IRVINE [I4], ROSENBLUM [R3], AEBERSOLD [A4], GUEST [G7], [G8].
[4] Vgl. [N4]. [G8], [A4].

werden kann, eine große Zahl von Gußstücken gleichzeitig untersucht werden kann. Hinter den Gußstücken befindet sich der Film, und Abb. 2 zeigt das fertige Bild einer γ-Radiographie.

Abb. 23-1. γ-Radiographie von Gußteilen mit einer fernmanövrierten γ-Strahlenquelle (Herst. Gamma Rays Ltd., London).

Abb. 23-2. Co-60-Radiographie eines Ventils (etwa 3 cm Messing) (aus Tracerlog, Tracerlab Inc., Boston, Dez. 1950).

Auch eine Radiographie mit β-Strahlern ist in gewissen Fällen möglich und angebracht[1].

---

[1] Siehe WESTERMARK [W 2].

Für die laufende Kontrolle der Dicke verschiedener technischer Produkte, wie Metallfolien, Kunststoffe, Textilien, Papier, Gummiband usw. hat man sog. *β-Dickenmesser* gebaut, welche langlebige *β*-strahlende Atomarten enthalten[1]. Diese Apparate arbeiten nach dem Prinzip, daß die Veränderung der Absorption der *β*-Strahlung mit den Variationen der Materialdicke registriert wird. Der Bruchteil der *β*-Strahlung, der absorbiert wird, ist eine Funktion der Materialdicke. Diese kann also gemessen werden, ohne das Probestück zu berühren und, falls erwünscht, kontinuierlich unter laufender Produktion. Bei den „Absorptionsdickenmessern" wird die Strahlenquelle auf die eine Seite, der Strahlendetektor für die Strahlung auf die andere Seite des zu untersuchenden Materials angebracht. Ein Zeigerinstrument gibt die Dicke direkt in Masse pro Oberflächeneinheit (mg pro cm^2) an mit einer Genauigkeit von etwa $\pm 3\%$. Feinere Instrumente benutzen zwei Strahlenquellen und zwei Detektoren. Das zu untersuchende Material wird in den einen Strahlengang, ein anderes Materialstück mit der gewünschten Dicke in den anderen Strahlengang gebracht. Die unbekannte Dicke wird also in Relation zu einer bekannten Dicke gemessen und der Ausschlag des Instrumentes zeigt die Abweichungen entweder in Millimeter oder in Prozenten des richtigen Wertes. Flächendichten bis etwa 1 g pro cm^2 können mit diesen Absorptionsdickenmessern gemessen werden.

Bei den „Reflexionsdickenmessern" befindet sich die Strahlungsquelle und der Detektor auf der gleichen Seite vom Probestück. Diese Apparate sind besonders geeignet, wenn dünne Beläge auf einer relativ dicken Unterlage gemessen werden sollen, z. B. eine Emailschicht auf Eisenblech, eine Kunststoffschicht auf dickem Gewebe, dünne Schichten edler Metalle auf unedler Unterlage usw.[2]. Ein anderes Anwendungsgebiet für derartige Apparate ist die Verpackungskontrolle. Kartone, Schachteln usw., die aus einer Verpackungsmaschine herauskommen, werden laufend „geröntgt" und unvollständig gefüllte Verpackungen werden registriert. Ein Mangel von einigen Prozent kann bereits entdeckt werden, und die Kapazität dieser Kontrollmaschinen ist groß, z. B. 600 Einheiten in der Minute.

Verschiedene Ausführungsformen derartiger Apparate für Dickenmessung und Verpackungskontrolle sind kommerziell zugänglich, und Abb. 3 zeigt eine bekannte Ausführungsform eines Absorptionsdickenmessers. Auch *γ*-Dickenmesser sind entwickelt worden für dickere Gegenstände.

Die Abhängigkeit der Absorption der *β*-Strahlung von der Atomnummer kann nach WESTERMARK [W 3] auch angewendet werden, um

---

[1] Siehe CLAPP und BERNSTEIN [C 12], DIXON [D 1].
[2] Siehe CARLIN [C 19].

feste Stoffe und Lösungen zu identifizieren und zu charakterisieren; z. B. wurde die Konzentration von Salzlösungen mit dieser Methode gemessen.

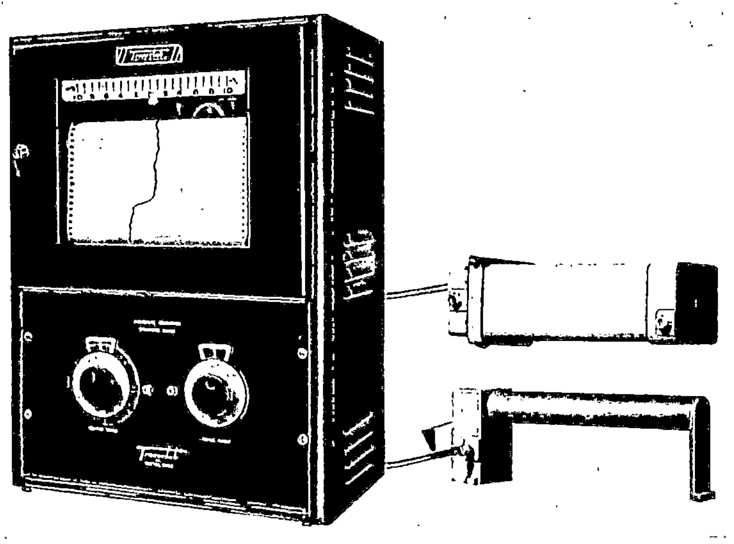

Abb. 23-3. Absorptions-Dickenmesser der Firma Tracerlab Inc., Boston, Mass., USA.

Eine mehr spezielle Anwendung ist die, daß das Flüssigkeitsniveau in einem abgeschlossenen Behälter kontinuierlich registriert und auch reguliert werden kann mit Hilfe einer γ-Strahlenquelle, die auf einem Schwimmer angebracht ist[1]. Abb. 4 zeigt das Schema einer derartigen Anordnung.

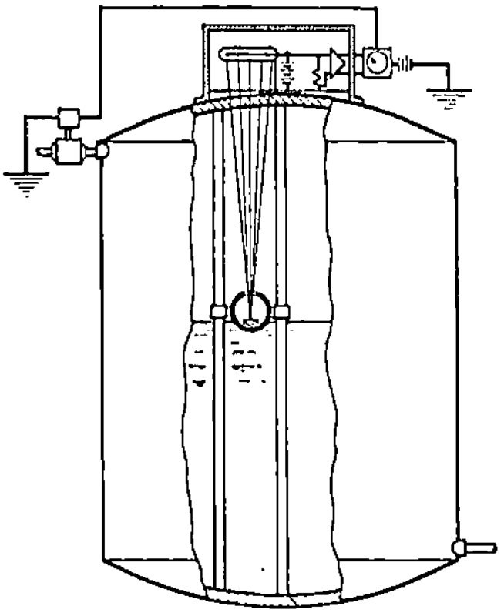

Für die *Aktivierung von Leuchtstoffen* für Zifferblätter von Uhren, Instrumenten usw. werden seit langem Radium und Polonium angewendet. Zukünftig werden voraussichtlich auch künstliche Radioisotope, z. B. Sr-Y-90, in großem Maßstab für derartige Zwecke, für welche Zehntausende von Curie pro Jahr benötigt werden, Verwendung finden[2].

Die Ionisation, welche die Kernstrahlung erzeugt, kann auch angewendet werden zur *Eliminierung störender statischer Elektrizität*, wie sie sich leicht beim Transport von Papier,

Abb. 23-4. Schematische Darstellung der Messung (und Regulierung) des Flüssigkeitsniveaus in einem geschlossenen Behälter mit Hilfe eines γ-Strahlers (aus Irvine [I6]).

---

[1] Vgl. Schreiber [S 15].

[2] Vgl. Cook [C 16], Hosken [H 5].

Fibern, Gummi, Garnen usw. durch schnell laufende Maschinen, Walzen u. dgl. ausbildet[1]. Da relativ starke und langlebige Strahlenquellen für diesen Zweck erforderlich sind, ist es wichtig, geeignete Schutzmaßnahmen für den Fall von Feuersgefahr, Explosionen usw. zu treffen.

Die direkte Erzeugung von elektrischem Strom mittels radioaktiver Strahlung ist zwar möglich, hat aber noch keine größere Bedeutung erlangt[2].

Es ist vorgeschlagen worden, die Strahlung von Radioisotopen für die Sterilisierung von Lebensmitteln, Arzneimitteln (z. B. Penicillin) usw. zu verwenden. Ein besonderer Vorteil dieser Methode wäre, daß die Sterilisierung ohne Wärmebehandlung und nach Verpackung der Ware durchgeführt werden könnte, so daß nachträgliche Verunreinigung ausgeschlossen ist. Ein gewisser Nachteil ist der, daß außerordentlich starke Strahlenquellen ($\gg$ 1 Curie) notwendig sind. Spaltprodukte en bloc werden daher die zweckmäßigste Strahlenquelle sein[3]. Dasselbe gilt für die Induzierung chemisch-technischer Reaktionen, z. B. die Herstellung von Zersetzungsprodukten oder von Polymerisationsprodukten. Auch für derartige Zwecke werden enorme Strahlungsintensitäten benötigt, z. B. $3 \cdot 10^6$ rep (vgl. § 320) für die Polymerisation von Vinylazetat[4]. Andererseits hätten derartige strahleninduzierte Reaktionen manche Vorteile, vor allem, daß Reaktionen bei relativ niedrigen Temperaturen durchgeführt werden können, daß sich chemische Zusätze erübrigen usw.

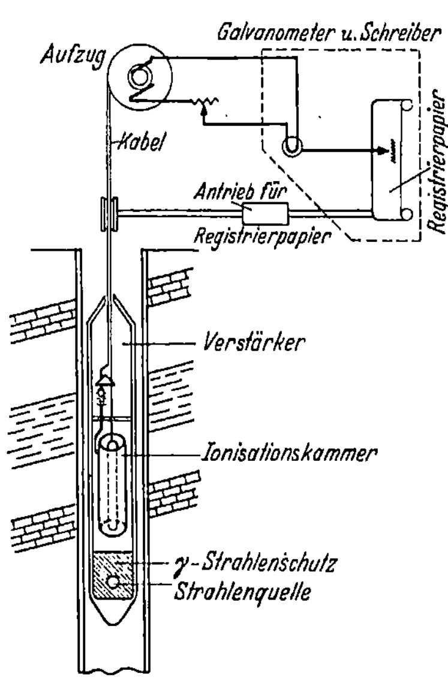

Abb. 23-5. Schema der Apparatur für Bohrlochuntersuchungen mittels Neutronenquelle (nach FEARON [F 10]).

Bei Bohrungen nach Erdöl usw. finden Neutronenquellen eine interessante Anwendung[5]. Eine Neutronenquelle (meist Ra-Be) und eine von der γ-Strahlung der Neutronenquelle abgeschirmte Ionisationskammer werden in das Bohrloch gesenkt. Die Neutronen induzieren in dem umgebenden Gestein eine mit der Art des Gesteins variierende γ-Radioaktivität, die mittels der Ionisationskammer gemessen und

---

[1] Vgl. SELIGMAN [S 20] und [N 5].

[2] Vgl. GEMANT und ARCHER [G 6], OHMART [O 1].

[3] Vgl. Cook [C 16], Hosken [H 5], O'MEARA [O 2].

[4] Vgl. MANOVITZ [M 10].

[5] Vgl. FEARON [F 9] (γ-Ray Well Logging) und [F 10] (Neutron Well Logging); ferner [N 8].

laufend als Funktion der Tiefe registriert wird (Abb. 5). Mittels derartig erhaltener Kurven kann besonders die Lage flüssigkeitshaltiger poröser Schichten ausfindig gemacht werden. Meistens wird die Methode kombiniert mit der Aufnahme einer Kurve über die natürliche γ-Aktivität im Bohrloch, wodurch weitergehende Schlüsse auf die Gesteinsarten und Schichtenfolge gezogen werden können[1].

231. Leitisotope in der Technik und Industrie[2].

Bezüglich der technischen und industriellen Anwendungen der Leitisotopmethode steht man erst am allerersten Anfang der Entwicklung[3].

Einige technische Anwendungen haben die Leitisotope schon in der Metallographie gefunden[4], wobei sich besonders das Untersuchungsverfahren der Autoradiographien bewährt hat; vgl. Abb. 6 und HILLERT [H 25]. Für die Untersuchung der Selbst- und Fremddiffusion im Gitter oder entlang von Korngrenzen und für die Untersuchung der Löslichkeit im festen Zustand (auch von Gasen) werden Leitisotope in der Metallforschung

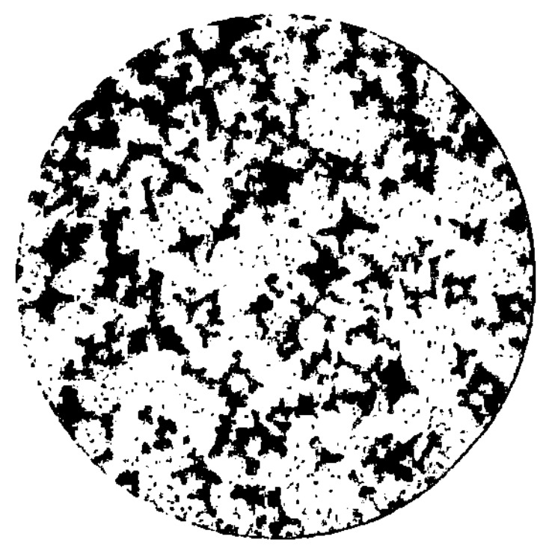

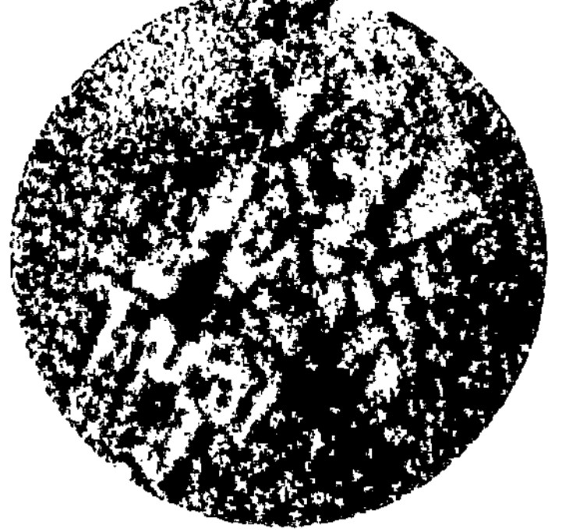

Abb. 23-6. Autoradiographie einer Ba(Ra)-Zn-Legierung mit 3% Ba (nach WERNER [W 11]). Oben rechts: Kristalle einer Ba-Zn-Verbindung und feste Lösung von Ba in Zn (schwache homogene Schwärzung). Unten links und rechts: Gewachsene Kristalle der Verbindung und Abnahme der Löslichkeit von Ba im Zn nach längerem Tempern bei 410° C.

---

[1] Vgl. FEARON [F 9] (γ-Ray Well Logging) und [F 10] (Neutron Well Logging); ferner [N 8].

[2] Vgl. IRVINE [I 6], ROSENBLUM [R 3], AEBERSOLD [A 2], GUEST [G 7], [G 8].

[3] Von allen Isotopsendungen von Oak Ridge (USA) während der Jahre 1946—51 (etwa 21 000) haben nur ungefähr 4% Anwendung für industrielle Forschung gefunden, vgl. Tab. 20-2.

[4] Vgl. BIRCHENALL und PHILBROOK [B 9], AEBERSOLD [A 2], EASTWOOD et al. [E 9], N. N. [N 1], WERNER [W 11], [W 13].

angewandt (vgl. Jost [J6], Kopecki [K7]). Auch für pulvermetall-
urgische Untersuchungen dürfte die Leitisotopmethode von Vorteil sein
können, wenn auch entsprechende Arbeiten noch nicht bekannt
geworden sind[1].

Die Einwirkung der Reibung auf Lagermetalle, Zylinderringe und
andere bewegliche Maschinenteile[2] oder die Abnutzung von Schuh-
sohlen, Straßenbelägen, Autoreifen usw. wurde untersucht, indem die
eine Seite radioaktiv markiert wurde. Gewichtsverluste durch Friktion
und Abnutzung können dadurch mit sehr großer Genauigkeit gemessen
werden. Gleichzeitig kann man natürlich auch die Wirkung verschiedener Schmiermittel zur Verringerung der Friktion untersuchen.

Radiokohlenstoff ist von Gaudin et al. [G10] angewendet worden
beim Studium von Flotationsproblemen.

Eine typische Anwendung von Leitisotopen in der technischen Chemie
stellt die Möglichkeit dar, den Weg eines bestimmten Elementes durch
einen großtechnischen Prozeß zu verfolgen. So kann man z. B. bei der
technischen Zinkproduktion das Element Germanium lokalisieren und
dessen Verhalten bei jedem Schritt im Produktionsprozeß kontrollieren,
auch wenn der Germaniumgehalt äußerst gering ist[3]. Die Verteilung
eines bestimmten Elementes zwischen Schlacke und Schmelze oder
die Herkunft eines Elementes im fertigen Material kann auch im
großtechnischen Betrieb untersucht werden[4].

In der Erdölindustrie verwendet man γ-Strahler, um die Strömung
in Rohrleitungen zu kontrollieren. Man setzt dazu einer bestimmten
Portion des Rohöls, das durch lange Leitungen (pipe lines) geleitet
werden soll, einen γ-Strahler, z. B. Ba-140, in Form einer unmischbaren
Flüssigkeit zu und kann dann von außen mit Hilfe eines Meßinstrumentes
feststellen, wo sich die markierte Schicht in der Leitung befindet.
Insbesondere markiert man auf diese Weise die Grenzschicht zwischen
zwei Ölsorten oder überhaupt zwischen zwei verschiedenen Flüssigkeiten,
die durch die gleiche Rohrleitung geleitet werden sollen. Bei der Ankunft
am Bestimmungsort kann man dann die beiden Sorten wieder ohne Ver-
lust trennen durch Umlegung eines Ventils in einer Verzweigungsstelle
im richtigen Augenblick[5].

Luftströmungen, z. B. bei Ventilationsproblemen, oder Undichtig-
keiten in geschlossenen Leitungen, Telephonkabeln usw. können mittels
gasformiger Leitisotope beobachtet werden[6].

---

[1] Siehe jedoch Werner [W13].
[2] Siehe Burwell et al. [B10], Manov [M4], Jackson et al. [J4].
[3] Vgl. Guest [G7].
[4] Vgl. Winkler und Chipman [W12] und [N7].
[5] Vgl. Aebersold [A2]; ebenso [N8].
[6] Vgl. Johnston [J2].

3. Tabellen.

30. Mathematische Tabellen.

300. Oft gebrauchte Daten und Konstanten.

Ladung eines Elektrons . . . . . $e = 4{,}80_3 \cdot 10^{-10}$ abs. esE
$ = 1{,}60_2 \cdot 10^{-19}$ abs. Coulomb

Masse eines Elektrons . . . . . . $m_\varepsilon = 9{,}10_7 \cdot 10^{-28}$ g

Masse eines Protons . . . . $m_p = 1{,}672_9 \cdot 10^{-24}$ g

Masse eines Wasserstoffatoms . . $m_\mathrm{H} = 1{,}673_9 \cdot 10^{-24}$ g $= 1{,}0081_9$ ME

Protonenmasse/Elektronenmasse . $m_p/m_\varepsilon = 1837$

Masse eines Neutrons . . . . . . $m_n = 1{,}6751 \cdot 10^{-24}$ g $= 1{,}0088_8$ ME

Atomare Masseneinheit ($= 1/\mathrm{N}$) . ME $= 1{,}660_3 \cdot 10^{-24}$ g

Phys. Atomgew./chem. Atomgew. . $k_A = 1{,}000272$

AVOGADROS Zahl (Anzahl Atome pro Mol) $\mathrm{N} = 6{,}022_8 \cdot 10^{23}$ mol^{-1}

LOSCHMIDTS Zahl (Anzahl Atome pro cm³) $L = N_\varrho/M$

Volumen von 1 Mol Gas NTP . . $V_\mathrm{mol} = 22{,}414 \cdot 10^3$ cm³

PLANCKS Konstante . . . . $h = 6{,}62_4 \cdot 10^{-27}$ erg s

BOLTZMANNS Konstante ($= \mathrm{R/N}$) . $k = 1{,}380_5 \cdot 10^{-16}$ erg grad^{-1}

Gaskonstante . . . . $R = 8{,}314_4 \cdot 10^7$ erg grad^{-1} mol^{-1}
$ = 1{,}986_5$ cal grad^{-1} mol^{-1}

FARADAYS Konstante . . . . . . $F = 9648_8$ abs. Coulomb val^{-1}

Lichtgeschwindigkeit . . . . . . $c = 2{,}9977_6 \cdot 10^{10}$ cm s^{-1}

Luftdichte NTP . . . . . . $\varrho_\mathrm{Luft} = 1{,}29_3 \cdot 10^{-3}$ g cm^{-3}

Absoluter Nullpunkt . . . . . . $0°\,\mathrm{K} = -273{,}16°\mathrm{C}$

1 Curie . . . . $1\ c = 3{,}70 \cdot 10^{10}$ tps $= 2{,}22 \cdot 10^{12}$ tpm

1 Rutherford . . . . $1\ \mathrm{rd} = 10^6$ tps

inch . . . . $1\ \mathrm{in} = 2{,}540$ cm

pound . . . . $1\ \mathrm{lb} = 453{,}59$ g

1 a $= 365{,}24223$ d $= 8765{,}8135$ h $= 5{,}2595 \cdot 10^5$ m $= 3{,}1557 \cdot 10^7$ s

1 d $= 24$ h $= 1440$ m $= 0{,}864 \cdot 10^5$ s

301. Umrechnungstabelle für verschiedene Energieeinheiten.

	MeV	ME	erg	g	kWh	cal	MKS
1 MeV . =	1	$1{,}074 \cdot 10^{-3}$	$1{,}602 \cdot 10^{-6}$	$1{,}782 \cdot 10^{-27}$	$4{,}45 \cdot 10^{-20}$	$3{,}827 \cdot 10^{-14}$	$1{,}633 \cdot 10^{-14}$
1 ME . . =	$0{,}931 \cdot 10^3$	1	$1{,}49 \cdot 10^{-3}$	$1{,}66 \cdot 10^{-24}$	$4{,}15 \cdot 10^{-17}$	$3{,}565 \cdot 10^{-11}$	$1{,}519 \cdot 10^{-10}$
1 erg . . =	$6{,}24 \cdot 10^5$	$6{,}70 \cdot 10^2$	1	$1{,}113 \cdot 10^{-21}$	$2{,}78 \cdot 10^{-14}$	$2{,}389 \cdot 10^{-8}$	$1{,}019 \cdot 10^{-8}$
1 g [1] . . =	$5{,}61 \cdot 10^{26}$	$6{,}02 \cdot 10^{23}$	$8{,}986 \cdot 10^{20}$	1	$2{,}50 \cdot 10^7$	$2{,}147 \cdot 10^{13}$	$0{,}916 \cdot 10^{13}$
1 kWh . =	$5{,}75 \cdot 10^7$	$6{,}17 \cdot 10^4$	$3{,}60 \cdot 10^{13}$	$4{,}01 \cdot 10^{-8}$	1	$8{,}60 \cdot 10^5$	$3{,}670 \cdot 10^5$
1 cal. . =	$2{,}612 \cdot 10^{13}$	$2{,}804 \cdot 10^{10}$	$4{,}1855 \cdot 10^7$	$4{,}658 \cdot 10^{-14}$	$1{,}16 \cdot 10^{-6}$	1	$0{,}4267$
1 MKS . =	$0{,}612 \cdot 10^{14}$	$0{,}658 \cdot 10^{10}$	$0{,}981 \cdot 10^8$	$1{,}092 \cdot 10^{-13}$	$2{,}725 \cdot 10^{-6}$	$2{,}344$	1

[1] Massenäquivalent ($E = m \cdot c^2$) von 1 g.

302. Die Funktionen exp $(-\lambda t)$ und $1 - \exp(-\lambda t)$.

$t/t_{\frac{1}{2}}$	$e^{-\lambda t}$ %	$1-e^{-\lambda t}$ %	$t/t_{\frac{1}{2}}$	$e^{-\lambda t}$ %	$1-e^{-\lambda t}$ %	$t/t_{\frac{1}{2}}$	$e^{-\lambda t}$ %	$1-e^{-\lambda t}$ %
0,00	100,00	0,00	0,53	69,26	30,74	1,12	46,01	53,99
0,01	99,31	0,69	0,54	68,78	31,22	1,14	45,28	54,72
0,02	98,62	1,38	0,55	68,30	31,70	1,16	44,75	55,25
0,03	97,94	2,06	0,56	67,83	32,17	1,18	44,13	55,87
0,04	97,26	2,74	0,57	67,36	32,64	1,20	43,53	56,47
0,05	96,59	3,41	0,58	66,90	33,10	1,22	42,93	57,07
0,06	95,93	4,07	0,59	66,43	33,57	1,24	42,34	57,66
0,07	95,26	4,74	0,60	65,97	34,03	1,26	41,75	58,25
0,08	94,61	5,39	0,61	65,52	34,48	1,28	41,18	58,82
0,09	93,95	6,05	0,62	65,07	34,93	1,30	40,61	59,39
0,10	93,30	6,70	0,63	64,62	35,38	1,32	40,05	59,95
0,11	92,66	7,34	0,64	64,17	35,83	1,34	39,50	60,50
0,12	92,02	7,98	0,65	63,73	36,37	1,36	39,96	61,04
0,13	91,38	8,62	0,66	63,29	36,71	1,38	38,42	61,58
0,14	90,75	9,25	0,67	63,52	36,48	1,40	37,89	62,11
0,15	90,13	9,87	0,68	62,42	37,58	1,42	37,37	62,63
0,16	89,50	10,50	0,69	61,99	38,01	1,44	36,85	63,15
0,17	88,88	11,12	0,70	61,56	38,44	1,46	36,35	63,65
0,18	88,27	11,73	0,71	61,13	38,87	1,48	35,85	64,15
0,19	87,66	12,34	0,72	60,71	39,29	1,50	35,36	64,64
0,20	87,05	12,95	0,73	60,29	39,71	1,52	34,87	65,13
0,21	86,45	13,55	0,74	59,87	40,13	1,54	34,39	65,61
0,22	85,86	14,14	0,75	59,46	40,54	1,56	33,91	66,09
0,23	85,26	14,74	0,76	59,05	40,95	1,58	33,45	66,55
0,24	84,67	15,33	0,77	58,64	41,36	1,60	32,99	67,01
0,25	84,09	15,91	0,78	58,24	41,76	1,62	32,53	67,47
0,26	83,51	16,49	0,79	57,83	42,17	1,64	32,09	67,91
0,27	82,93	17,07	0,80	57,44	42,56	1,66	31,64	68,36
0,28	82,36	17,64	0,81	57,04	42,96	1,68	31,21	68,79
0,29	81,79	18,21	0,82	56,64	43,36	1,70	30,78	69,22
0,30	81,22	18,78	0,83	56,25	43,75	1,72	30,35	69,65
0,31	80,66	19,34	0,84	55,86	44,16	1,74	29,94	70,06
0,32	80,11	19,89	0,85	55,48	44,52	1,75	29,73	70,27
0,33	79,55	20,45	0,86	55,09	44,91	1,76	29,53	70,47
0,34	79,00	21,00	0,87	54,71	45,29	1,78	29,12	70,88
0,35	78,46	21,54	0,88	54,34	45,66	1,80	28,72	71,28
0,36	77,92	22,08	0,89	53,88	46,12	1,82	28,32	71,68
0,37	77,38	22,62	0,90	53,59	46,41	1,84	27,93	72,07
0,38	76,84	23,16	0,91	53,22	46,78	1,85	27,74	72,26
0,39	76,31	23,69	0,92	52,85	47,15	1,86	27,61	72,39
0,40	75,79	24,21	0,93	52,49	47,51	1,88	27,17	72,83
0,41	75,26	24,74	0,94	52,12	47,88	1,90	26,79	73,21
0,42	74,74	25,26	0,95	51,76	48,24	1,92	26,43	73,57
0,43	74,23	25,77	0,96	51,41	48,59	1,94	26,06	73,94
0,44	73,71	26,29	0,97	51,05	48,95	1,95	25,88	74,12
0,45	73,20	26,80	0,98	50,70	49,30	1,96	25,70	74,30
0,46	72,70	27,30	0,99	50,35	49,65	1,98	25,35	74,65
0,47	72,20	27,80	1,00	50,00	50,00	2,00	25,00	75,00
0,48	71,70	28,30	1,02	49,31	50,69	2,02	24,66	75,34
0,49	71,20	28,80	1,04	48,63	51,37	2,04	24,32	75,38
0,50	70,71	29,29	1,06	47,96	52,04	2,05	24,15	75,85
0,51	70,22	29,78	1,08	47,30	52,70	2,06	23,98	76,02
0,52	69,74	30,26	1,10	46,65	53,35	2,08	23,65	76,35

$t/t_{\frac{1}{2}}$	$e^{-\lambda t}$ %	$1-e^{-\lambda t}$ %	$t/t_{\frac{1}{2}}$	$e^{-\lambda t}$ %	$1-e^{-\lambda t}$ %	$t/t_{\frac{1}{2}}$	$e^{-\lambda t}$ %	$1-e^{-\lambda t}$ %
2,10	23,33	76,67	2,76	14,76	95,24	4,60	4,12	95,88
2,12	23,00	77,00	2,78	14,56	95,44	4,70	3,85	96,15
2,14	22,69	77,31	2,80	14,36	95,64	4,80	3,59	96,41
2,15	22,53	77,47	2,82	14,16	95,84	4,90	3,35	96,65
2,16	22,38	77,62	2,84	13,97	86,03	5,00	3,12	96,88
2,18	22,07	77,93	2,85	13,87	86,13	5,10	2,92	97,08
2,20	21,76	78,24	2,86	13,77	86,23	5,20	2,72	97,28
2,22	21,46	78,54	2,88	13,58	86,42	5,30	2,54	97,46
2,24	21,17	78,83	2,90	13,40	86,60	5,40	2,37	97,63
2,25	21,02	78,98	2,92	13,21	86,79	5,50	2,21	97,79
2,26	20,88	79,12	2,94	13,03	86,97	5,60	2,06	97,94
2,28	20,59	79,41	2,95	12,94	87,06	5,70	1,92	98,08
2,30	20,31	79,69	2,96	12,85	87,15	5,80	1,79	98,21
2,32	20,03	79,97	2,98	12,67	87,33	5,90	1,67	98,33
2,34	19,75	80,25	3,00	12,50	87,50	6,00	1,56	98,44
2,35	19,61	80,39	3,05	12,07	87,93	6,20	1,36	98,64
2,36	19,48	80,52	3,10	11,66	88,34	6,40	1,18	98,82
2,38	19,21	90,79	3,15	11,27	88,73	6,60	1,03	98,97
2,40	18,95	91,05	3,20	10,88	89,12	6,80	0,90	99,10
2,42	18,69	91,31	3,25	10,51	89,49	7,00	0,78	99,22
2,44	18,43	91,57	3,30	10,15	89,85	7,20	0,68	99,32
2,45	18,30	91,70	3,35	9,81	90,19	7,40	0,59	99,41
2,46	18,17	91,83	3,40	9,48	90,52	7,60	0,52	99,48
2,48	17,92	92,08	3,45	9,15	90,85	7,80	0,45	99,55
2,50	17,68	92,32	3,50	8,84	91,16	8,00	0,39	99,61
2,52	17,44	92,56	3,55	8,54	91,46	8,20	0,34	99,66
2,54	17,19	92,81	3,60	8,25	91,75	8,40	0,30	99,70
2,55	17,08	92,92	3,65	7,97	92,03	8,60	0,26	99,74
2,56	16,96	93,04	3,70	7,70	92,30	8,80	0,22	99,78
2,58	16,73	93,27	3,75	7,43	92,57	9,00	0,20	99,80
2,60	16,49	93,51	3,80	7,18	92,82	9,20	0,17	99,83
2,62	16,27	93,73	3,85	6,93	93,07	9,40	0,15	99,85
2,64	16,04	93,96	3,90	6,70	93,30	9,60	0,13	99,87
2,65	15,93	94,07	3,95	6,47	93,53	9,80	0,11	99,89
2,66	15,82	94,18	4,00	6,25	93,75	10,00	0,10	99,90
2,68	15,60	94,40	4,10	5,83	94,17	10,50	0,07	99,93
2,70	15,39	94,61	4,20	5,44	94,56	11,00	0,05	99,95
2,72	15,18	94,82	4,30	5,08	94,92	11,50	0,04	99,96
2,74	14,97	95,03	4,40	4,74	95,26	12,00	0,02	99,98
2,75	14,87	95,13	4,50	4,42	95,58	13,00	0,01	99,99

303. Multiplikationstabelle für Untersetzung 1 : 64.

	0	1	2	3	4	5	6	7	8	9
0	00000	0064	0128	0192	0256	0320	0384	0448	0512	0576
10	00640	0704	0768	0832	0896	0960	1024	1088	1152	1216
20	01280	1344	1408	1472	1536	1600	1664	1728	1792	1856
30	01920	1984	2048	2112	2176	2240	2304	2368	2432	2496
40	02560	2624	2688	2752	2816	2880	2944	3008	3072	3136
50	03200	3264	3328	3392	3456	3520	3584	3648	3712	3776
60	03840	3904	3968	4032	4096	4160	4224	4288	4352	4416
70	04480	4544	4608	4672	4736	4800	4864	4928	4992	5056
80	05120	5184	5248	5312	5376	5440	5504	5568	5632	5696
90	05760	5824	5888	5952	6016	6080	6144	6208	6272	6336
100	06400	6464	6528	6592	6656	6720	6784	6848	6912	6976
110	07040	7104	7168	7232	7296	7360	7424	7488	7552	7616
120	07680	7744	7808	7872	7936	8000	8064	8128	8192	8256
130	08320	8384	8448	8512	8576	8640	8704	8768	8832	8896
140	08960	9024	9088	9152	9216	9280	9344	9408	9472	9536
150	09600	9644	9728	9792	9856	9920	9984	10048	10112	10176
160	10240	10304	10368	10432	10496	10560	10624	10688	10752	10816
170	10880	10944	11008	11072	11136	11200	11264	11328	11392	11456
180	11520	11584	11648	11712	11776	11840	11904	11968	12032	12096
190	12160	12224	12288	12352	12416	12480	12544	12608	12672	12736
200	12800	12864	12928	12992	13056	13120	13184	13248	13312	13376
210	13440	13504	13568	13632	13696	13760	13824	13888	13952	14016
220	14080	14144	14208	14272	14336	14400	14464	14528	14592	14656
230	14720	14784	14848	14912	14976	15040	15104	15168	15232	15296
240	15360	15424	15488	15552	15616	15680	15744	15808	15872	15936
250	16000	16064	16128	16192	16256	16320	16384	16448	16512	16576
260	16640	16704	16768	16832	16896	16960	17024	17088	17152	17216
270	17280	17344	17408	17472	17536	17600	17664	17728	17792	17856
280	17920	17984	18048	18112	18176	18240	18304	18368	18432	18496
290	18560	18624	18688	18752	18816	18880	18944	19008	19072	19136
300	19200	19264	19328	19392	19456	19520	19584	19648	19712	19776
310	19840	19904	19968	20032	20096	20160	20224	20288	20352	20416
320	20480	20544	20608	20672	20736	20800	20864	20928	20992	21056
330	21120	21184	21248	21312	21376	21440	21504	21568	21632	21696
340	21760	21824	21888	21952	22016	22080	22144	22208	22272	22336
350	22400	22464	22528	22592	22656	22720	22784	22848	22912	22976
360	23040	23104	23168	23232	23296	23360	23424	23488	23552	23616
370	23680	23744	23808	23872	23936	24000	24064	24128	24192	24256
380	24320	24384	24448	24512	24576	24640	24704	24768	24832	24896
390	24960	25024	25088	25152	25216	25280	25344	25408	25472	25536
400	25600	25664	25728	25792	25856	25920	25984	26048	26112	26176
410	26240	26304	26368	26432	26496	26560	26624	26688	26752	26816
420	26880	26944	27008	27072	27136	27200	27264	27328	27392	27456
430	27520	27584	27648	27712	27776	27840	27904	27968	28032	28096
440	28160	28224	28288	28352	28416	28480	28544	28608	28672	28736
450	28800	28864	28928	28992	29056	29120	29184	29248	29312	29376
460	29440	29504	29568	29632	29696	29760	29824	29888	29952	30016
470	30080	30144	30208	30272	30336	30400	30464	30528	30592	30656
480	30720	30784	30848	30912	30976	31040	31104	31168	31232	31296
490	31360	31424	31488	31552	31616	31680	31744	31808	31872	31936

31. Leitisotoptabellen.

310. Alphabetisches Verzeichnis der Leitisotope.

Element	Z	Symbol	Massenzahl	Halbwertszeit	Element	Z	Symbol	Massenzahl	Halbwertszeit
Actinium	89	Ac	227 228	22 a 6,13 h	Erbium	68	Er	(171) ? ?	7,5 h 20 h 9,4 d
Aluminium	13	Al	28 29	2,30 m 6,56 m	Europium	63	Eu	152 154	5,3 a 5,4 a
Antimon	51	Sb	122 124 125	2,63 d 60 d 2,7 a	Fluor	9	F	18	115 m
Argon	18	A	37 41	34,1 d 109 m	Francium	87	Fr	223	21 m
					Gadolinium	64	Gd	153	236 d
Arsen	33	As	73 76 77	76 d 1,187 d 1,58 d	Gallium	31	Ga	72	14,08 h
					Germanium	32	Ge	71 77	11,4 d 12 h
Astat	85	At	211	7,5 h	Gold	79	Au	198 199	2,69 d 3,4 d
Barium	56	Ba	131 139 140	11,5 d 84 m 12,8 d	Hafnium	72	Hf	181	45 d
Beryllium	4	Be	7	43 d	Helium	2	He	—	—
Blei	82	Pb	210 212	22 a 10,6 h	Holmium	67	Ho	166	1,11 d
					Indium	49	In	114 m 116 m	49 d 53,93 m
Bor	5	B	—	—					
Brom	35	Br	82	35,87 h	Iridium	77	Ir	192 194	74,37 d 19,0 h
Cadmium	48	Cd	115 m	42,6 d	Jod	53	J	125 128 131 132	56 d 24,99 m 8,141 d 2,4 h
Calcium	20	Ca	45	152 d					
Cäsium	55	Cs	131 134 137	9,6 d 1,7 a 33 a	Kalium	19	K	42	12,44 h
Cer	58	Ce	141 144	32,5 d 310 d	Kobalt	27	Co	57 60	270 d 5,26 a
Chlor	17	Cl	36 38	$0,44 \cdot 10^6$ a 37,3 m	Kohlenstoff	6	C	11 14	20,35 m 5589 a
Chrom	24	Cr	51	25 d	Krypton	36	Kr	79	1,44 d
Dysprosium	66	Dy	165	2,42 h	Kupfer	29	Cu	64	12,88 h
Eisen	26	Fe	55 59	2,94 a 46 d	Lanthan	57	La	140	1,67 d
					Lithium	3	Li	—	—
Emanation	86	An Tn Rn	219 220 222	3,92 s 54,5 s 3,825 d	Lutetium	71	Lu	177	6,8 d
					Magnesium	12	Mg	27	9,58 m

Element	Z	Symbol	Massenzahl	Halbwertszeit
Mangan	25	Mn	52 56	6,2 d 2,59 h
Molybdän	42	Mo	99	2,8 d
Natrium	11	Na	22 24	2,6 a 15,10 h
Neodym	60	Nd	147	11,1 d
Neon	10	Ne	—	—
Neptunium	93	Np	239	2,31 d
Nickel	28	Ni	57 59 (59) 63 65	1,52 d 1,54 d $8 \cdot 10^5$ a 2,1 a 2,564 h
Niob	41	Nb	95	38,7 d
Osmium	76	Os	191 193	1,27 d 16,0 d
Palladium	46	Pd	103 109	17 d 14,1 h
Phosphor	15	P	32	14,07 d
Platin	78	Pt	197	18 h
Polonium	84	Po	210	138,3 d
Praseodym	59	Pr	142 143	19,1 h 13,7 d
Promethium	61	Pm	147 149	2,26 a 2,0 d
Protactinium	91	Pa	231 233 234 m 234	$3,2 \cdot 10^4$ a 27,4 d 1,14 m 6,7 h
Quecksilber	80	Hg	197 203	2,66 d 43,5 d
Radium	88	Ra	223 224 226 228	11,4 d 3,64 d 1622 a 6,7 a
Rhenium	75	Re	186 188	3,87 d 18,9 h
Rhodium	45	Rh	105	1,54 d
Rubidium	37	Rb	86	19,5 d
Ruthenium	44	Ru	97 103 105	2,8 d 39,8 d 4,4 h
Samarium	62	Sm	153	1,96 d

Element	Z	Symbol	Massenzahl	Halbwertszeit
Sauerstoff	8	O	15	1,97 m
Schwefel	16	S	35	88 d
Selen	34	Se	75	127 d
Silicium	14	Si	31	157 m
Silber	47	Ag	110 m 111	270 d 7,5 d
Scandium	21	Sc	46	85 d
Stickstoff	7	N	13	10,13 m
Strontium	38	Sr	89 90	54,5 d 19,9 a
Tantal	73	Ta	182	117 d
Thallium	81	Tl	204 208	3,5 a 3,1 m
Technecium	43	Tc	97 m 99	91 d $9,4 \cdot 10^5$ a
Tellur	52	Te	127 m	90 d
Terbium	65	Tb	160	71 d
Thorium	90	Th	228 234	1,90 a 24,10 d
Titan	22	Ti	45	3,09 h
Thulium	69	Tm	170	127 d
Uran	92	U	238 239	$4,51 \cdot 10^9$ a 23,5 m
Vanadin	23	V	49	1,65 a
Wasserstoff	1	H	3	12,46 a
Wismut	83	Bi	210 212	5,0 d 60,5 m
Wolfram	74	W	185 187	73,2 d 21,4 h
Xenon	54	Xe	135	9,5 h
Ytterbium	70	Yb	175	4,2 d
Yttrium	39	Y	90 91	2,54 d 61 d
Zink	30	Zn	65 69 69 m	250 d 57 m 13,8 h
Zinn	50	Sn	113 123	105 d 130 d
Zirkonium	40	Zr	95	65 d

311. Strahlungseigenschaften und Bezugsquellen von Leitisotopen.

In der folgenden Tabelle findet man in den verschiedenen Spalten folgendes:

Spalte 1: Ordnungszahl Z des Elementes (Z kann für jedes gesuchte Element aus dem alphabetischen Verzeichnis der Leitisotope in Tab. 310 festgestellt werden).

Spalte 2: Name des Elementes.

Spalte 3: Leitisotop, Symbol und Massenzahl.

Spalte 4: Anwesende andere radioaktive Atomarten. Fp. = Folgeprodukt.

Spalte 5: Halbwertszeiten (nach [L2], wenn nicht anders angegeben); s.o. = siehe oben, s. u. = siehe unten.

Spalte 6: Energie der Strahlung in MeV (nach [L2], wenn nicht anders angegeben); $\beta^- =$ Negatronen; $\beta^+ =$ Positronen; $e^- =$ Konversionselektronen; $\alpha = \alpha$-Teilchen; e. S. = einfaches Spektrum. Ist das Spektrum komplex und das Kernniveau-Schema bekannt, so findet man den prozentualen Anteil jeder Komponente in eckigen Klammern angegeben. Eine Null vor β^+, β^- oder e^- bedeutet „keine", z. B. $0\beta^+ =$ keine Positronenstrahlung.

Spalte 7: Vorkommen von Photonenstrahlung (nach [L2], wenn nicht anders angegeben). $\gamma = \gamma$-Strahlung; $K =$ Röntgenstrahlung im Zusammenhang mit K-Umwandlung. Eine Null vor γ oder K bedeutet „keine", z. B. $0\,\gamma =$ keine γ-Strahlung. I.T. = Isomere Transmutation.

Spalte 8: Bezugsquellen, von denen die Leitisotope bezogen werden können, zusammengestellt nach folgenden Isotopenkatalogen:

USA: Isotopes, Catalog and Price List No. 4, March 1951, Isotopes Division, U.S.A.E.C., Oak Ridge, Tenn.

England: Radioactive Materials and Stable Isotopes, Catalogue No. 2, Oct. 1950, Isotope Division, Harwell Berks.; Radiochemical Centre, Amersham, Bucks., A.E.R.E.

Canada: Radioelements and Accessories, Catalogue B, Nov. 1951, Eldorado Mining and Refining (1944) Limited, Ottawa.

Frankreich: Liste des radioelements artificiels, Oct. 1950, Commissariat a l'energie atomique, Paris 7e.

Die Abkürzungen in Spalte 8 bedeuten:

O: Oak Ridge, USA.

H: Harwell bzw. Amersham, England.

C: Chalk River, Kanada.

B: Brookhaven, N.Y., USA.

F: Frankreich.

Z: Von einer Zyklotronanlage. Beachte: *Alle* Leitisotope können mittels Zyklotron hergestellt werden. Die Angabe Z wird in der Tabelle nur dann angegeben, wenn es keine andere Bezugsquelle gibt oder wenn die Herstellung mittels Zyklotron (oder anderen Beschleunigern) besondere Vorteile besitzt.

n: Herstellung in für viele Zwecke ausreichender Menge mittels einer einfachen Neutronenquelle, z. B. einem Ra-Be-Präparat, durchführbar (Aktivität $\geq$ 1 Mikrocurie = $2{,}2 \cdot 10^6$ tpm) bei Bestrahlung von 1 Mol Element in einem Neutronenfluß von 10^6 cm^{-2} s^{-1} während maximal einer Woche ($6{,}048 \cdot 10^5$ s).

N: Natürlich radioaktives Isotop.

Spalte 9: Aktivierungsquerschnitt σ (in barn) bei Einfang langsamer Neutronen durch das bestrahlte Element; in vereinzelten und angegebenen Fällen auch bei anderen Neutronenreaktionen [z. B. Li (n, α)]. Manchmal wird die Muttersubstanz des Leitisotops hergestellt, und in derartigen Fällen wird σ für diese Kernreaktion angegeben [z. B. für Pr-143: Ce (n, γ) : 0,09],

Mit Hilfe von σ kann die Ausbeute, d. h. auch die erzielbare absolute Aktivität berechnet werden nach der Gl. 18-18. Der Neutronenfluß $\varPhi$ (in cm^{-2} s^{-1}) ist nach den Isotopenkatalogen zur Zeit:

in Oak Ridge	etwa $5 \cdot 10^{11}$
„ Harwell	„ $1 \cdot 10^{11}$
„ Chalk River	„ $1 \cdot 10^{11}$—$4 \cdot 10^{13}$
„ Brookhaven	„ $1 \cdot 10^{11}$—$4 \cdot 10^{12}$
„ Chatillon (Frankreich)	„ $5 \cdot 10^{9}$

Die bestrahlte Menge ist im allgemeinen von der Größenordnung 1—10 g.

Ist das Leitisotop ein Spaltprodukt, so geht dies aus der Angabe U (n, f) in dieser Spalte hervor.

Für die Berechnung der spezifischen Aktivität bei Bestrahlung mit thermischen Neutronen s. a. SENFTLE und LEAVITT [S6] sowie EASTWOOD [E10].

Bezüglich der Produktion radioaktiver Leitisotope (Kernreaktionen sowie chemische Trennung) sei auf folgende Arbeiten hingewiesen: IRVINE [I4] [I5], W. E. COHN, J. W. IRVINE in [N10], PANETH [P10], MARLEY [M6] und KAMEN [K2].

Z [1]	Element [2]	Leitisotop [3]	Anwes. andere Atomart. [4]	Halbwertszeit [5]	Energie der Partikelstrahlung in MeV [6]	Photonenstrahl. [7]	Erhältlich von [8]	σ-bestr. Element (barn) [9]
1	Wasserstoff	H-3	—	12,46 a	β^- 0,0186	0γ	O[1], C	Li(n,α): 65
2	Helium	fehlt						
3	Lithium	fehlt						
4	Beryllium	Be-7	—	43 d		K, γ	Z	
5	Bor	fehlt						
6	Kohlenstoff	C-14	—	5589 a	β^- 0,155	0γ	O,H,C	N (n,p): 1,76
7	Stickstoff	N-13	—	10,13 m	β^+ 1,202	0γ	Z	
8	Sauerstoff	O-15	—	1,97 m	β^+ 1,68		Z	
9	Fluor	F-18	—	115 m	β^+ 0,64	0γ	Z	
10	Neon	fehlt						
11	Natrium	Na-22 Na-24	— —	2,6 a 15,10 h[2]	β^+ 0,54 β^- 1,39	$0K, \gamma$ γ	Z O,H,C,F	 0,41
12	Magnesium	Mg-27	—	9,58 m	β^- 1,80 [80] 0,79 [20]	γ	Z	0,0054
13	Aluminium	Al-28 Al-29	— — Al-28	2,30 m 6,56 m s. o.	β^- 3,01 β^- 2,5 [70] 1,4 [30]	γ γ	Z Z	0,21
14	Silizium	Si-31	—	157 m[3]	β^- 1,48[3]	0γ	H,C,Z	0,0036
15	Phosphor	P-32	—	14,07 d	β^- 1,69	0γ	O,H,C,F	0,23
16	Schwefel	S-35	—	88 d	β^- 0,167	γ	O,H,C	0,011 Cl(n,p): 0,22
17	Chlor	Cl-36 Cl-38	— S-35 K-42 —	0,44 · 10⁶ a s. o. s. u. 37,3 m	β^- 0,64; $0\beta^+$ β^- 4,81 [53,4] 2,77 [15,8] 1,11 [30,8]	$0\gamma, K$ γ	O, C Z	39,5 0,137
18	Argon	A-37 A-41	— Ca-45 —	34,1 d s. u. 109 m	— β^-1,25	$K, 0\gamma$ γ	O Z	0,022
19	Kalium	K-42	—	12,44 h	β^- 3,58 [84] 1,92 [16]	γ	O,H,C,F	0,067
20	Calcium	Ca-45	A-37	152 d s. o.	β^- 0,254	0γ	O,H,C	0,013

---

[1] Nur für Besteller in USA.

[2] Nach [C 20].

[3] Nach [W 18].

Z	Element	Leitisotop	Anwes. andere Atomart.	Halb-wertszeit	Energie der Partikelstrah-lung in MeV	Pho-tonen-strahl.	Erhältlich von	σ-bestr. Element (barn)
1	2	3	4	5	6	7	8	9
21	Scandium	Sc-46		85 d	β^- 0,36	γ 0 K	O,H,C	22
			Ca-45	s. o.				
22	Titan	Ti-45	—	3,09 h	β^+ 1,022 [96] 0,57 [4]	K, γ	Z	
23	Vanadin	V-49	—	1,5 a6	0β^+	K, γ	Z	
24	Chrom	Cr-51	—	25 d	0β^+	K, γ	O,H,C	0,50
25	Mangan	Mn-52	—	6,2 d	β^+ 0,582	K, γ	Z	
		Mn-56	—	2,59 h	β^- 2,86[60] 1,05[25] 0,75[15]	γ	H,C,F,n	10,7
26	Eisen	Fe-55		2,94 a s. u.	0β^+, 0β^-	K, γ	O,H,C,F	0,15
			Fe-59					
		Fe-59		46 d	β^- 0,46[50] 0,257[50]	γ	O,H,C,F	0,0010
			Fe-55	s. o.				
27	Kobalt	Co-57	—	270 d	β^+ 0,26	K, γ	Z	
		Co-60	—	5,26 a	β^- 0,318	γ	O,H,C,F	21,7
28	Nickel	Ni-57	—	1,52 d	β^+[50] 0,85	K[50], γ	Z	
		Ni-59	—	1,54 d s. u.	β^+ 0,67		Z	
		Ni-63	Ni-65	2,1 a	β^- 0,063		O, C	0,54 (?)
		Ni-65	Ni-(59)	8 · 10⁵ a 2,56 h	0β^+ β^- 2,10 [57] 1,01 [14] 0,60 [29]	K γ	Z	0,0173
			Ni-59	s. o.				
29	Kupfer	Cu-64	—	12,88 h	β^- [38]0,57 β^+ [19]0,66	K,[43]γ	O,H,C,F	2,0
30	Zink	Zn-65		250 d	β^+[2,2]0,32 e^-	K[98], γ	O,H,C	0,26
			Zn-69	s. u. 57 m	β^- 0,86	0γ	O, H	0,054
		Zn-69	Zn-69m	13,8 h	e^-	I.T.		
			Zn-65	s. o.				
31	Gallium	Ga-72	—	14,08 h	β^-3,15[9,5] 2,52 [8] 1,48 [10,5] 0,955 [32] 0,64 [40]	γ	O,H,C	1,30
32	Germanium	Ge-71		11,4 d s. u.	0β^+, 0β^-	K	O,H,C	∼0,095
			Ge-77 As-77	s. u. 12 h	β^- 1,74	γ	O	0,0055
		Ge-77	Ge-71 As-77	s. o. s. u.				

Z	Element	Leitisotop	Anwes. andere Atomart.	Halbwertszeit	Energie der Partikelstrahlung in MeV	Photonenstrahl.	Erhältlich von	σ-bestr. Element (barn)
1	2	3	4	5	6	7	8	9
33	Arsen	As-73	—	76 d		K, γ	Z	—
		As-76	—	1,187 d	β^- 3,15[54] 2,56[21] 1,5 [19] 0,4 [70] $0\beta^+$	$K\,?, \gamma$	O,H,C, n	4,2
		As-77		1,58 d	β^- 0,68	γ	O,H,C	Ge(n,γ): 0,0055
			Ge-71	s. o.				
			Ge-77	s. o.				
34	Selen	Se-75	—	127 d	e^-, $0\beta^+$	K, γ	O,H,C	0,216
35	Brom	Br-82	—	35,87 h[1]	β^- 0,465 $0\beta^+$	$0K, \gamma$	O,H,C	1,11
36	Krypton	Kr-79	—	1,44 d	β^+ 1,0; $0\beta^-$	K[98], γ	Z	—
37	Rubidium	Rb-86	—	19,5 d	β^- 1,80; 0,724	γ	O, H	0,524
38	Strontium	Sr-89	—	54,5 d	β^- 1,463	0γ	O,H,C	0,00415
		Sr-90		19,9 a	β^- 0,531	0γ	O, C	U(n,f)
			Sr-89	s. o.				
			Y-90	s. u.				
39	Yttrium	Y-90		2,54 d	β^- 2,18	0γ	O,H,C	1,24
			Sr-89	s. o.				
		Y-91		61 d	β^- 1,537	γ	O, C	U(n,f)
40	Zirkon	Zr-95		65 d	β^- 1,0 [2] 0,39 [98]	γ	O,H,C	0,073
		Zr-97		17 h	β^- 1,91	γ		
		Nb-95		s. u.				
41	Niob	Nb-95		38,7 d	β^- 0,146	γ	O, C	U(n,f)
		Zr-95		s. o.				
42	Molybdän	Mo-99	—	2,8 d	β^- 1,23 [80] 0,445 [20]	γ	O,H,C	0,10
43	Technetium	Tc-97m		91 d	e^-	I.T.	O,H,C	Ru(n,γ): 0,00057
			Ru-97	s. u.				
			Ru-103	s. u.				
			Rh-105	s. u.				
		Tc-99		9,4 · 10^5 a	β^- 0,30	0γ	O, C	U(n,f) Mo(n,γ): 0,10
			Mo-99	s. o.				
44	Ruthenium	Ru-97		2,8 d	e^-	K, γ	O, H	0,0057
			Ru-103	s. u.				
			Ru-105	s. u.				
			Tc-97	s. o.				
			Rh-105	s. u.				
		Ru-103		39,8 d	β^- 0,684 [6]	γ	O,H,C	0,37

---

[1] Nach [C20].

Z	Element	Leitisotop	Anwes. andere Atomart.	Halb-wertszeit	Energie der Partikelstrah-lung in MeV	Pho-tonen-strahl.	Erhältlich von	σ-bestr. Element (barn)
1	2	3	4	5	6	7	8	9
44	Ruthenium (Forts.)				0,222 [94]			
			Ru-97	s. o.				
			Tc-97	s. o.				
			Rh-105	s. u.				
		Ru-105		4,4 h	β^- 1,30	γ	O, H	0,122
			Ru-97	s. o.				
			Ru-103	s. o.				
			Tc-97	s. o.				
			Rh-105	s. u.				
45	Rhodium	Rh-105		1,54 d	β^- 0,78	γ	O,H,C	Ru(n,γ): 0,122
			Tc-97	s. o.				
			Ru-97	s. o.				
			Ru-103	s. o.				
			Ru-105 (Mutter)	s. o.				
46	Palladium	Pd-103		17 d	$0\beta^+$	K	O, C	
			Pd-109	s. u.				
			Ag-111	s. u.				
		Pd-109		14,1 h	β^- 0,95	γ	O, H, n	3,0
			Pd-103	s. o.				
			Ag-111	s. u.				
47	Silber	Ag-110m		270 d	β^- 2,86 2,12 0,53 [35] $0\beta^+$	$0K$, I.T., γ	O,H,C	1,1
		Ag-110		24,5 s	β^- 2,86;2,12	γ		
		Ag-111		7,5 d	β^- 1,04 [91] 0,80 [1] 0,70 [8]	γ	O,H,C	Pd(n,γ): 0,0525
			Pd-103	s. o.				
			Pd-109	s. o.				
48	Cadmium	Cd-115		2,25 d	β^- 1,12;0,56	γ	O,H,C	0,30
			Cd-115m	42,6 d	β^- 1,41;0,38	I.T.,γ		0,040
			Cd-109	1,3 a	$0\beta^+$	K, γ		
49	Indium	In-114m		49 d	e^-	I.T.,γ	O,H,C	2,52
			In-114	72 s	β^- [97] 1,98	K [3], γ		
		In-116m		53,93 m	β^- 1,00 [51] 0,87 [28] 0,60 [21] $0\beta^+$	I.T., γ	n	138
			In-116	13 s	β^- 2,95	0γ		
50	Zinn	Sn-113		105 d	e^-	K, γ	O,H,C	0,012
			Sn-121	1,1 d	β^- 0,383	0γ		0,072
			Sn-123	s. u.				
			Sb-125	s. u.				
		Sn-123		130 d	β^- 1,42	γ	O	
			Sn-113	s. o.				
			Sn-121	s. o.				
			Sb-125	s. u.				

Z	Element	Leitisotop	Anwes. andere Atomart.	Halb-wertszeit	Energie der Partikelstrah-lung in MeV	Pho-tonen-strahl.	Erhältlich von	σ-bestr. Element (barn)
1	2	3	4	5	6	7	8	9
51	Antimon	Sb-122		2,63 d	β^- 1,94; 1,36 $0\beta^+$	γ	O, H, C, n	3,8
			Sb-122m	3,5 m		I.T., γ		
			Sb-124	s. u.				
		Sb-124		60 d	β^- 2,291; 1,69; 0,95; 0,68; 0,50; $0\beta^+$	γ	O, H, C	1,1
			Sb-122	s. o.				
		Sb-125		2,7 a	β^- 0,616 [18] 0,299 [49]; 0,128 [33]	γ	O, H, C	Sn (n,γ): 0,039
			Sn-113	s. o.				
			Sn-121	s. o.				
			Sn-123	s. o.				
			Sn-125	s. o.				
52	Tellur	Te-127m		90 d	e^-	I.T., γ	O, H, C	0,014
			Te-127	9,3 h	β^- 0,8	0γ		0,15
			Te-129 m	35,5 d	e^-	I.T., γ		0,00504
			Te-129	1,12 h	β^- 1,8	γ		0,0436
			J-131	s. u.				
53	Jod	J-125	—	56 d	$0\beta^+$, $0\beta^-$	K, 0γ	Z	—
		J-128	—	24,99 m	β^- 2,02 [93] 1,59 [7] $0\beta^+$	γ, K	n	6,25
		J-131	—	8,141 d[1]	β^- 0,606; 0,306	γ	O, H, C	Te (n,γ): 0,0735
		J-132		2,4 h	β^- 1,35	γ	B	U (n,f)
			Te-132	3,2 d	β^- 0,3	γ		
54	Xenon	Xe-135		9,5 h	β^- 0,93	γ	Z	
55	Cäsium	Cs-131		9,6 d	e^-, $0\beta^+$	K, γ	H, C	Ba (n,γ): 0,000024
			Ba-131	s. u.				
			Ba-133 m	1,67 d	$0\beta^-$, $0\beta^+$	I.T., γ		
		Cs-134		1,7 a	β^- 0,658 [75] 0,09 [25]	γ	O, H, C	25,6
		Cs-137		33 a	β^- 0,52 [97] 1,2 [3]	γ	O	U (n,f)
56	Barium	Ba-131		11,5 d	e^-, $0\beta^+$	K, γ	H, C	0,0017
			Cs-131	s. o.				
		Ba-139		84 m	β^- 2,27	γ	n	U (n,f)
			Ba-140	s. u.				
			Ba-141	18 m	β^-	γ		
			La-141	3,5 h	β^- 2,8			
			Ce-141	32,5 d	β^- 0,581 [33] 0,442 [67]	γ		
		Ba-140		12,5 d	β^- 1,022 [60] 0,480 [40]	γ	O	U (n,f)
			La-140	s. u.				

[1] Nach [S 24].

Z	Element	Leitisotop	Anwes. andere Atomart.	Halb-wertszeit	Energie der Partikelstrah-lung in MeV	Pho-tonen-strahl.	Erhältlich von	σ-bestr. Element (barn)
1	2	3	4	5	6	7	8	9
57	Lanthan	La-140		1,67 d	β^- 2,26[10] 1,67 [20] 1,32 [70]		O,H,C,n	U (n,f)
58	Cer	Ce-141		32,5 d	β^-0,581 [33] 0,442 [67]	γ	H, C	0,27
			Ce-143 Pr-143	1,4 d s. u.	β^-1,1	γ		
		Ce-144		310 d	β^- 0,348; e^-	0γ	O	U (n,f)
			Pr-144 Ce-141	17 m s. o.	β^- 2,87	γ		
59	Praseodym	Pr-142 Pr-143		19,1 h 13,7 d	β^- 2,23;0,66 β^- 0,922	γ 0 γ	O,H,C,n O,H,C	10,1 Ce (n,γ): 0,09
			Ce-143	s. o.				
60	Neodym	Nd-147		11,1 d	β^-0,78 [67] 0,17 [33]	γ	O	U (n,f)
			Pm-147	s. u.				
		Nd-147		11,1 d	β^-0,78 [67] 0,17 [33]	γ	C	0,24
61	Prome-thium	Pm-147 Pm-147		2,26 a 2,26 a	β^- 0,223 β^- 0,223	0γ 0γ	O C	U (n,f) Nd (n,γ): 0,258
			Nd-147 Pm-149	s. o. s. u.				
		Pm-149		2,0 d	β^- 0,98	γ	C	Nd (n,γ): 0,137
			Nd-149 Nd-147 Pm-147	2,0 h s. o. s. o.	β^- 1,6	γ		
62	Samarium	Sm-153		1,96 d	β^- 0,80 [33] 0,68 [67]	γ	O,H,C,n	72,0
			Eu-155 Sm-145 Sm-151	1,7 a >72 d 122 a	β^- 0,23 β^- 0,755	γ γ		
63	Europium	Eu-152m		5,3 a	β^-0,86; 0,66; 0,49	K[74],γ	O,H,C	1270
				9,3 h	β^-1,880 [90] 0,55 [10]	K[18],γ	n	299
		Eu-154	Eu-154 Eu-152	s. u. 5,4 a s. o.	β^-1,58	K, γ	O,H,C	449
64	Gadolinium	Gd-153	mehrere Gd-Isotope	236 d	0β^+	K, γ	Z	
65	Terbium	Tb-160		71 d	β^-0,860 [42] 0,521 [41] 0,396 [17]	γ	n	>22

Z	Element	Leitisotop	Anwes. andere Atomart.	Halbwertszeit	Energie der Partikelstrahlung in MeV	Photonenstrahl.	Erhältlich von	σ-bestr. Element (barn)
1	2	3	4	5	6	7	8	9
66	Dysprosium	Dy-165		2,42 h	β^- 1,25; 0,88; 0,42	γ	n	725
			Dy-165m	1,25 m	β^- [1]	I.T.[99]		580
67	Holmium	Ho-166		1,11 d	β^- 1,84 [89] 0,55 [11]	γ	H, n	59,5
68	Erbium	Er-(171)		7,5 h	β^- 1,49 [6] 1,05 [71] 0,67 [22]	γ	n	>1
			Er- ?	20 h	β^- 0,6	γ		
			Er- ?	9,4 d	β^- 0,33	0γ		
69	Thulium	Tm-170		127 d	β^- 1,00; 0,90; 0,79; 0,45	γ	n	106
70	Ytterbium	Yb-175		4,2 d	β 0,39	γ	n	22
		Yb-(169)	31,8 d	0β	K, γ			
		Yb-(177)	1,8 h	β^- 1,15				
71	Lutetium	Lu-177		6,8 d	β^- 0,495 [65] 0,366 [16,7] 0,169 [18,3]	K, γ	n	91,0
			Lu-(176)	3,67 h	β^- 1,150			
72	Hafnium	Hf-181		45 d	β^- 0,404	γ	O, H, C	3,5
			Ta-181	20 μs	e^- [60]	I.T., γ		
73	Tantal	Ta-182		117 d	β^- 0,53; e^-	γ	O, H, C	20,6
74	Wolfram	W-185		73,2 d s. u.	β^- 0,430	0γ	O, H, C	0,64
		W-187	W-187	21,4 h	β^- 1,35 [30] 0,62 [70]; e^-	γ	O,H,C,n	10,2
75	Rhenium	Re-186		3,87 d	β^- 1,073 0β^+	γ	O,H,C,n	38,5
		Re-188	Re-188	s. u. 18,9 h	β^- 2,10;	γ	O, H, n	46,5
		Re-186		s. o.				
76	Osmium	Os-191		1,27 d s. u.	β^- 1,15	γ	O, H, C	0,66
		Os-193	Os-193	16,0 d s. o.	β^- 0,142	γ	O, H, C	2,19
		Os-191						
77	Iridium	Ir-192		74,37 d[1] s. u.	β^- 0,59; e^-	γ	O,H,C,n	388
		Ir-194	Ir-194	19 h s. o.	β^- 2,2; 0,48	γ	O, n	79,0
		Ir-192						
78	Platin	Pt-197		18 h	β^- 0,72	γ	O, H, C	0,30
		Pt-193	Pt-193	4,33 d	e^-	K, γ		

---

[1] Nach [K 6]

Z	Element	Leitisotop	Anwes. andere Atomart.	Halb-wertszeit	Energie der Partikelstrah-lung in MeV	Pho-tonen-strahl.	Erhältlich von	σ-bestr. Element (barn)
1	2	3	4	5	6	7	8	9
79	Gold	Au-198		2,69 d	β^- 0,975 e^-; $0\beta^+$	$0K$, γ	O,H,C,n	96,4
		Au-199		3,4 d	β^- 0,32	γ	O, C	Pt(n,γ): 0,28
			Pt-193	s. o.				
			Pt-197	s. o.				
80	Quecksilber	Hg-197		2,66 d	e^-	K, γ	O, C	4,65
			Hg-197m	23 h	e^-	I.T., K, γ		
			Hg-203	s. u.				
		Hg-203		43,5 d	β^- 0,208; $0\beta^+$	$0K$, γ	O,H,C	0,725
			Hg-197	s. o.				
81	Thallium	Tl-204		3,5 a	β^- 0,783	0γ	O,H,C	2,21
		Tl-208 (ThC″)		3,1 m	β^- 1,792	γ	N	
			Bi-212	s. u.				
82	Blei	Pb-210 (RaD)		22 a	β^- 0,0255	γ	N,H,C	
			Bi-210	s. u.				
			Po-210	s. u.				
		Pb-212 (ThB)	Fp.	10,6 h	β^- 0,569; 0,331	γ	N, H	
83	Wismut	Bi-210 (RaE)		5,0 d	β^- 1,170; α [10^{-6}]		N,O,H C	
			Po-210	s. u.				
		Bi-212 (ThC)		60,5 m	β^- 2,256[66]	γ	N	
					α 5,610 bis 6,093 [34]			
			Po-212	0,3 μs	α 8,776			
			Tl-208	s. o.				
84	Polonium	Po-210		138,3 d	α 5,298	γ	N,O,H C	
85	Astat	At-211		7,5 h	α[44] 5,94	K [56]	Z	
86	Emanation	An		3,92 s	α 6,94 [83] 6,68 [8,5] 6,56 [8,5]	γ	N	
			Ra-223 Fp.	s. u.				
		Tn		54,5 s	α 6,2818		N	
			Ra-224	s. u.				
		Rn	Fp.	3,825 d	α 5,486		N, H	
87	Francium	Fr-223	Fp.	21 m	β^- 1,20	γ	N	

Z	Element	Leitisotop	Anwes. andere Atomart.	Halb-wertszeit	Energie der Partikelstrah-lung in MeV	Pho-tonen-strahl.	Erhältlich von	σ-bestr. Element (barn)
1	2	3	4	5	6	7	8	9
88	Radium	Ra-223 (AcX)	Fp.	11,4 d	α 5,717 [55] 5,605 [36] 5,531 [9]	γ	N	
		Ra-224 (ThX)	Fp.	3,64 d	α 5,681 [95] 5,448 [5] 5,194 [0,4]		N, H	
		Ra-226	Fp.	1622 a	α 4,791; 4,610	γ	N, H	
		Ra-228 (MsTh$_2$)	Fp.	6,7 a	β^- < 0,018	γ	N, H	
89	Actinium	Ac-227	Fp.	22 a	β^- [98,8] < 0,010 α[1,2] 4,95	γ	N, H	
		Ac-228 (MsTh$_2$)	Fp.	6,13 h	β^- 1,55	γ	N, H	
90	Thorium	Th-228 (RdTh)	Fp	1,90 a	α 5,418 [83] 5,335 [17]	γ	N, H	
		Th-234 (UX 1)	Fp.	24,10 d	β-0,205 [80] 0,112 [20]	γ	N	
91	Protacti-nium	Pa-231	Fp.	3,2 · 10^4 a	α 5,131; 5,069;5,032	γ	N, H	
		Pa-233		27,4 d	β^- 0,20	γ	Z	
		Pa-234 (UX 2)		1,14 m	β^- [99,85] 2,32 [95] 1,5 [5]	I.T. [0,15] γ	N	
				6,7 h (UZ)	β^- 1,2 [~9] 0,45[~91]	γ		
92	Uran	U-238	Fp.	4,51 10^9 a	α 4,18		N	
		U-239		23,5 m	$\beta^.$ 2,06 [3] 1,12 [97]	γ	Z, n	2,6
		Np-239		s. u.				
93	Neptunium	Np-239		2,31 d	β-1,179[1] 0,676 [6] 0,403 [42] 0,288 [51]	γ	Z	U(n,γ): 2,6

312. Einige reine Betastrahler.

Atomart	$t_{\frac{1}{2}}$	E_{max} [MeV]
H-3	12,46 a	0,0186
C-14 . . .	5589 a	0,155
S-35 . . .	88 d	0,1670
Pm-147 . .	2,26 a	0,2232
Ca-45 . . .	152 d	0,254
Tc-99 . . .	$9,4 \cdot 10^5$ a	0,30
Ce-144 . .	310 d	0,348
Sr-90 . . .	19,9 a	0,531
F-18. . . .	1,92 h	0,635
Tl-204 . . .	3,5 a	0,783
Pr-143 . .	13,7 d	0,922
Pd-109 . .	14,1 h	0,95
Sr-89 . . .	54,5 d	1,463
Y-91	61 d	1,537
Si-31 . . .	157 m	1,48
P-32. . . .	14,07 d	1,689
Y-90 . . .	2,54 d	2,180

313. Einige wichtige Gammastrahler.

Atomart	$t_{\frac{1}{2}}$	γ-Energien [MeV]
Na-24 . . .	15,10 h	2,755; 1,380
Ga-72 . . .	14,08 h	2,51; 2,21; 1,87; 1,59 u. a.
Ra-226[1] . .	1622 a	2,20 ÷ 0,24, Mittelwert 0,7
Rn-222[1] . .	3,82 d	2,20 ÷ 0,24, Mittelwert 0,7
La-140. . .	1,67 d	2,26; 1,67 u. a.
Sb-124. . .	60 d	2,04; 1,71; 0,730 u. a.
Pr-142 . . .	19,1 h	1,74; 0,49; 0,424 u. a.
As-76 . . .	1,187 d	1,70; 1,20; 0,55
Co-60 . . .	5,26 a	1,33; 1,17
Ta-182. . .	117 d	1,22; 1,13; 0,22; 0,15 u. a.
Ir-192 . . .	70 d	0,61; 0,60; 0,58; 0,29, 0,13

32. Tabellen zum Strahlenschutz.[2]

320. Einheiten für Strahlendosen.

Röntgeneinheit.

Ein Röntgen (r) ist definiert als die Quantität Röntgen- oder γ-Strahlung, die in 0,001293 g, d. h. in 1 cm³ trockener Luft im Normalzustand, eine Anzahl Sekundärelektronen produziert, die in Luft (NTP) Ionen mit einer Ladung von 1 esE jedes Vorzeichens bilden.

---

[1] Plus Folgeprodukte (vgl. Abb. 11-1).

[2] Vgl. LAPP und ANDREWS [L7], [L13]; DÄNZER [D4]; SCHUBERT [S8]; WARREN und BRUES [W20]; GOLDSMITH [G17] (Bibliographie).

Die Röntgeneinheit bezieht sich also auf Photonenstrahlung und ist ein Maß für die Energiemenge, die von einer beliebig gewählten Standardsubstanz, nämlich 1 cm³ trockener Luft NTP, absorbiert wird. In diesem Kubikzentimeter Luft produziert das Photonenstrahlbündel eine gewisse Anzahl sog. Sekundärelektronen, und diese bilden ihrerseits Ionen längs ihrer Bahnen (die viel länger als 1 cm sein können). Ist die Energiemenge bekannt, die für die Bildung eines Ionenpaares in Luft erforderlich ist, so kann man die Röntgeneinheit in andere Energieeinheiten umrechnen. GRAY [G 16] hat als Mittelwert für diese Ionisationsenergie 32,5 eV gefunden. Mit diesem Wert ergibt sich folgende Umrechnungstabelle:

Tabelle 32-1.

$1\,r = 2{,}083 \cdot 10^9$ Ionenpaare durch Absorbieren von γ-Quanten in 1 cm³ Luft

$ = 1{,}61 \cdot 10^{12}$,,   ,,   ,,   ,,   ,,   ,, 1 g   ,,

$ = 6{,}77 \cdot 10^4$ MeV   ,,   ,,   ,,   ,,   ,, 1 cm³ ,,

$ = 5{,}24 \cdot 10^7$ MeV   ,,   ,,   ,,   ,,   ,, 1 g   ,,

$ = 83{,}8$ erg   ,,   ,,   ,,   ,,   ,, 1 g   ,,

Die in Röntgen ausgedrückte Größe einer Strahlendosis ist, wie aus der Definition hervorgeht, unabhängig von der Bestrahlungszeit. Der biologische Effekt einer bestimmten Strahlendosis ist aber auch abhängig von der Zeitdauer während der die Strahlendosis gegeben wird. Der lebende Organismus besitzt offenbar ein gewisses Erholungsvermögen (sogar während der Bestrahlung), und die Wirkung einer bestimmten Dosis sinkt daher stark, wenn sie auf viele kleine Dosen mit einigem zeitlichem Zwischenraum verteilt wird. Man braucht daher auch den Begriff „Dosisleistung" (engl. dose rate), also Strahlendosis pro Zeiteinheit, z. B. Röntgen pro Stunde (r/h)[1].

Die Röntgeneinheit ist kein ideales Maß für die an biologische Objekte überführte Strahlungsmenge. Erstens bezieht sie sich nämlich auf ein bestimmtes Absorbermaterial (Luft), während die Energieüberführung an das Objekt stark mit dem Absorbermaterial variiert. Ein Photonenstrahlbündel, das bei Absorption in 1 g Luft 84 erg verliert, gibt z. B. in 1 g Wasser 93 erg und in 1 g Knochensubstanz etwa 150 erg. Zweitens sagt die Definition nichts über die Zahl der Quanten oder deren Energie (die gleiche Strahlungsquantität kann durch eine kleine Anzahl harter Photonen oder eine große Anzahl weicher Photonen repräsentiert werden). Die überführte Energie variiert aber bei gleichbleibender Strahlungsquantität auch beträchtlich mit der Energie der Photonen[2]. Die Annahme, daß die Größe einer gewissen Dosis in Röntgen angibt, wieviel Energie der bestrahlten Materie pro Gewichtseinheit zugeführt worden ist durch die Photonenstrahlung, ist also eine

---

[1] Falls die Zeiteinheit eine längere Zeit ist, z. B. ein Tag oder eine Woche, spricht man auch von „Tagesdosis" oder „Wochendosis" usw.

[2] Vgl. LEA [L 9], SPIERS [S 5].

Approximation, die nur in gewissen Fällen, z. B. bei der Bestrahlung von weichem Gewebe mit relativ harter Photonenstrahlung (> 100 KeV) zulässig ist[1]. Für andere Strahlenarten als Photonenstrahlung ist die Röntgeneinheit ganz unbrauchbar.

rep-Einheit.

Ein „röntgen-equivalent-physical", abgekürzt rep, ist die Strahlendosis, die in der betrachteten Substanz eine ebensogroße Energieabsorption erzeugt wie 1 r Photonenstrahlung in Luft NTP. Nach Tab. 1 gilt also:

$$1 \text{ rep} = 84 \text{ erg/g}. \tag{1}$$

Diese Einheit wurde von PARKER [P 11] eingeführt als ein Maß für den physikalischen Strahlungseffekt ohne die Mängel, die der Röntgeneinheit für diese Zwecke anhaften[2]. Die rep-Einheit bedeutet einen wesentlichen Fortschritt. Man kann nun den physikalischen Effekt aller verschiedenen Strahlungen in der gleichen Einheit rep ausdrücken. Diejenige Quantität jeder beliebigen Strahlung, die 84 erg/g in der betrachteten Substanz freigemacht, wird 1 rep genannt. Alle beobachteten Unterschiede mit (der Art oder Energie nach) verschiedenen Strahlungen können damit zurückgeführt werden auf den verschiedenartigen biologischen Effekt physikalisch gleicher Strahlungsdosen. Der rep-Wert kann für alle biologisch wichtigen Strahlungsarten mit den heute zugänglichen Mitteln gemessen werden, wenn auch in gewissen Fällen nur approximativ.

n-Einheit.

Ein n ist diejenige Quantität schneller Neutronen, die in einer 100 r-Victoreen-Ionisationskammer mit Bakelitwänden die gleiche Ionisation wie 1 r Photonenstrahlung erzeugt.

Diese Einheit für Neutronenstrahlung ist älteren Datums und wird immer weniger verwendet, da sie etwas künstlich und an ein ganz bestimmtes Meßinstrument gebunden ist. Eine Untersuchung von AEBERSOLD und ANSLOW [A9] hat ergeben, daß in weichem Gewebe 1 n etwa 2,5 rep entspricht.

rem-Einheit.

Ein „röntgen-equivalent-man" (oder mammal), abgekürzt rem, ist die Quantität einer beliebigen Strahlung, die in dem betrachteten Gewebe denselben biologischen Effekt erzeugt wie 1 r Photonenstrahlung.

Auch wenn die an das Gewebe überführte Energiemenge (also die Anzahl rep) die gleiche ist, so können zwei der Art oder Energie nach verschiedene Strahlungen ganz verschiedene biologische Wirkungen

---

[1] Siehe LEA [L9], SPIERS [S5].

[2] Die Definition ist noch nicht international festgelegt. Oft wird auch definiert: „... wie 1 r Photonenstrahlung in Wasser". Man erhält dann 1 rep $= 93$ erg/g.

haben. Die Gründe hierfür sind folgende: 1. In einem Falle kann eine dichte, mehr lokalisierte Ionisation, im anderen Falle eine mehr gleichmäßig verteilte Ionisation pro Kubikzentimeter Gewebe erzeugt werden. 2. Die biologische Wirkung einer gewissen Strahlendosis ist, wie schon erwähnt, davon abhängig, innerhalb welcher Zeit die Dosis gegeben wird. Innerhalb gewisser Grenzen sind zwar Dosisleistung und Zeit reziprok, der Gültigkeitsbereich für diese Reziprozität variiert doch bei der Bestrahlung von Menschen mit der Art der Strahlung und dem betrachteten Effekt und ist überhaupt recht wenig genau bekannt. 3. „Der biologische Effekt" variiert auch mit dem betrachteten Effekt und der angewandten Testreaktion.

Die gleiche Strahlendosis in rep kann also für verschiedene Strahlungen quantitativ und qualitativ verschiedene biologische Effekte ergeben. Diese Gründe veranlaßten PARKER [P11] zur Einführung der rem-Einheit. Mit dieser hat man ein Maß für die relative biologische Effektivität (RBE) der gleichen Strahlungsdosis in rep für verschiedene Strahlungen. Der Zusammenhang zwischen rep, rem und RBE ist:

$$1 \text{ rem} = \frac{84}{\text{RBE}} = \frac{1 \text{ rep}}{\text{RBE}} \text{ erg/g Gewebe}. \tag{2}$$

Der RBE-Wert kann variieren beim Vergleich verschiedener Strahlungen und mit der Dosisleistung und ist auch abhängig davon, welches biologische Objekt und welcher biologische Effekt betrachtet wird.

Die rem-Einheit ist also wirklich repräsentativ für den biologischen Effekt, aber sie kann nur angegeben werden, falls der RBE-Wert für den betrachteten Strahlungseffekt bekannt ist. Sehr umfangreiche Untersuchungen sind bereits ausgeführt worden, um RBE-Werte für viele verschiedene Systeme zu bestimmen[1].

321. Toleranzdosen.

Unter Toleranzdosis versteht man die maximal zulässige Strahlendosis, die bei langdauernder Bestrahlung, z. B. täglicher Arbeit mit Strahlenquellen, nicht überschritten werden darf, um gesundheitsschädliche Effekte mit großer Wahrscheinlichkeit zu vermeiden.

Äußerliche Bestrahlung.

Bei äußerlicher Bestrahlung ist in erster Linie an Photonen- und Neutronenstrahlung zu denken. Kommt das strahlende Präparat genügend nahe oder in direkten Kontakt mit der Haut, können jedoch auch α- oder β-Strahler schwere Hautschäden verursachen.

Nach den im Juli 1950 festgestellten Empfehlungen der International Commission on Radiological Protection (ICRP) [I2] sollte man mit

---

[1] Siehe LAWRENCE und HAMILTON [L6], ZIRKLE [Z9].

folgenden „maximum permissible exposures" des ganzen Körpers oder eines Teiles davon rechnen:

Photonenstrahlung ($E < 3$ MeV): 0,3 rep/Woche
β-Strahlung: 0,3 rep/Woche.

Unter einer Woche sind dabei rund 40 Arbeitsstunden zu verstehen. Für harte β-Strahlung und für Exponierung der Hände und Unterarme rechnet man oft mit einer um den Faktor 5 höheren Toleranzdosis. Bei direkter Kontamination der Haut soll nach HENRIQUES [H 26] die mit einem dünnwandigen Zählrohr gemessene Aktivität in keinem Falle 700 ipm überschreiten (Diese Ziffer erscheint reichlich hoch).

Bei dauernder Arbeit mit Strahlenquellen sollen nach den Empfehlungen der ICRP die angegebenen Wochendosen in *keiner Woche* überschritten werden. Darüber, welche maximale Dosisleistung bei kurzdauernder Bestrahlung erlaubt werden kann, wird nichts gesagt. Als Anhaltspunkt können folgende Angaben dienen: 3000 r Röntgen- oder γ-Strahlung gegeben während 0,25—0,5 Std. verursachen Absterben des Gewebes und schwer heilende Wunden. 500—1000 r während der gleichen Zeit verursachen nach einigen Tagen Hautrötung und Pigmentierung. Unterschreitet die Dosisleistung die sog. MUTSCHELLER-Dosis 0,25 r/d, so wird angenommen, daß kein Risiko für Hautschäden vorliegt. Hat man eine größere als die oben angegebene Wochendosis erhalten, so soll man sich solange jeglicher Arbeit mit Strahlenquellen enthalten, bis die pro Woche berechnete Dosis unter 0,3 rep gesunken ist. Eine größere Zahl von Wochendosen „zusammenzusparen" und sich kurzzeitig einer sehr viel stärkeren Dosisleistung als 0,3 rep/Woche auszusetzen, muß doch als riskant angesehen werden.

Die Feststellung von Toleranzdosen bei Neutronenbestrahlung ist ein noch nicht befriedigend gelöstes Problem. Der RBE-Wert variiert stark für verschiedene Organe und mit der Dosierung. Die Augenlinsen sind besonders empfindlich gegen Neutronen. Der RBE-Wert für thermische Neutronen ist geringer als für schnelle Neutronen, da keine Rückstoßprotonen auftreten. Zur Zeit sollte man nach ICRP für den allgemeinen Effekt von schnellen Neutronen (< 20 MeV) bei Menschen mit 1 rep $\approx$ 10 rem rechnen und für langsame Neutronen mit 1 rep $\approx$ 1 rem. Ausgehend von einer Toleranzsdosis von 0,3 rem/Woche führt dies zu folgenden Toleranzdosen bei Neutronenbestrahlung:

Langsame Neutronen: 0,3 rep/Woche.
Schnelle Neutronen: 0,03 rep/Woche.

SNYDER [S 26] hat berechnet, daß 0,3 rem/Woche einer täglichen achtstündigen Bestrahlung mit einem Fluß thermischer Neutronen von etwa 1500 cm^{-2} s^{-1} entspricht. MITCHELL [M 11] rechnet mit einer etwas niedrigeren Toleranzintensität, nämlich 1250 cm^{-2} s^{-1} bei achtstündiger

Bestrahlung. Für schnelle Neutronen gibt MITCHELL folgende Achtstundendosen (in Anzahl n pro cm² und s): 165 für 0,5 MeV, 120 für 1 MeV und 85 $\pm$ 10 für 2—20 MeV. Es dürfte ratsam sein, noch mit einem Sicherheitsfaktor von 4 zu rechnen, so daß man bezüglich des maximal zulässigen Neutronenflusses zu folgenden Werten kommt:

Langsame Neutronen   1250 cm⁻² s⁻¹ bei achtstündiger Bestrahlung

0,5 MeV	„	40	„	„	„	„
1 MeV	„	30	„	„	„	„
2—20 MeV	„	20	„	„	„	„

Für α-Strahler sollte man nach ICRP [12] z. Z. mit 1 rep $\approx$ 20 rem rechnen. Dies führt zu einer Toleranzdosis für

$$\alpha\text{-Strahlung: } 0{,}015 \text{ rep/Woche.}$$

Für Hautkontamination mit α-Strahlern muß man fordern, daß jede eventuelle Kontamination bis auf 0 ipm reduziert, also völlig entfernt werden muß.

In der folgenden Tab. 2 sind die genannten Toleranzdosen zusammengestellt:

Tabelle 32-2. Toleranzdosen.

Photonenstrahlung ($E < 3$ MeV)	300 mrep/Woche	(8 mrep/h)	
β-Strahlung	300 „	(8 „)	
Langsame Neutronen ($E < 1$ KeV)	300 „	(8 „)	
Schnelle Neutronen	30 „	(0,8 „)	
α-Strahlung	15 „	(0,4 „)	

Schließlich sei besonders hervorgehoben, daß man möglichst *jede* Bestrahlung auf das Mindestmaß reduzieren soll. In den Empfehlungen der ICRP wird hierüber folgendes gesagt: "Whilst the values proposed for maximum permissible exposures are such as to involve a risk which is small compared to the other hazards of life, nevertheless in view of the unsatisfactory nature of much of the evidence on which our judgments must be based, coupled with the knowledge that certain radiation effects are irreversible and cumulative, it is strongly recommended that every effort be made to reduce exposures to all types of ionizing radiations to the lowest possible level."

Innere Bestrahlung.

Der biologische Effekt der Strahlung einer radioaktiven Substanz, die in das Körperinnere gelangt ist, ist natürlich nicht verschieden von dem, der durch äußere Bestrahlung zustandekommt. Bei innerer Bestrahlung ist es aber schwierig, die Dosisleistung für die einzelnen Organe zu berechnen. In den Körper eingeführte Radioisotope verteilen sich nämlich im allgemeinen nicht gleichmäßig im Körper, sondern werden an gewissen Punkten angereichert. Die Faktoren, die hier beachtet werden müssen, sind folgende:

1. die Halbwertszeit, Strahlungsart und Strahlungsenergie;
2. die Geschwindigkeit und Stärke der Exkretion;
3. die Verteilung der Atomart im Körper.

Besonders gefährlich sind radioaktive Isotope der zur Hauptgruppe 2 des Periodischen Systems gehörenden Metalle (Ca, Sr, Ba). Diese werden nämlich im Skelet, das besonders strahlungsempfindlich ist, angereichert und verbleiben dort lange Zeit, oftmals viele Jahre. Auch Plutonium ist ein ausgesprochenes sog. „knochensuchendes" Element. Auch solche Atomarten, die zwar schnell wieder ausgesondert, aber bevorzugt in irgendeinem Organ angereichert werden, sind besonders gefährlich.

Zur Berechnung der Menge eines Radioisotops, die ohne Gefahr in den Körper eingeführt werden kann, geht man im allgemeinen davon aus, daß die Dosisleistung für keinen Teil des Körpers 0,015 rem/Tag oder 0,1 rem/Woche überschreiten soll. In der folgenden Tab. 3 sind für eine Anzahl Radioisotope die maximal zulässigen Mengen im Körper, in der Luft und im Trinkwasser angegeben. Die Tabelle gründet sich auf die Publikation der ICRP [I 2] und die Angaben im Isotopenkatalog von Chalk River, Canada [I 3]. Bezüglich der Berechnung der Dosis und der Dosisleistung bei interner Bestrahlung vgl. EVANS [E 11], W. F. BALE in [W 5] und SCHUBERT [S 23].

Tabelle 32-3.

Maximal zulässige Mengen gewisser Radioisotope nach [I 2] und [I 3].

Atomart	im Körper [μc]	in der Luft [$\mu c/cm^3$]	im Trinkwasser [$\mu c/cm^3$]
H-3	10^4	$5 \cdot 10^{-5}$	0,4
C-14 . . .	30	$1 \cdot 10^{-6}$	—
Na-24 . . .	15	$1 \cdot 10^{-6}$	$0,8 \cdot 10^{-2}$
P-32	10	$2 \cdot 10^{-8}$	$2 \cdot 10^{-4}$
S-35 . . .	200	$1 \cdot 10^{-6}$	$1 \cdot 10^{-2}$
Co-60 . . .	1	$2 \cdot 10^{-9}$	$1 \cdot 10^{-5}$
Sr-89 . . .	2	$2 \cdot 10^{-10}$	$5 \cdot 10^{-6}$
Sr-90 . . Y-90 . .	1	$2 \cdot 10^{-10}$	$0,8 \cdot 10^{-6}$
J-131 . . .	0,3	$3 \cdot 10^{-9}$	$3 \cdot 10^{-5}$
Po-210 . . .	0,005	$3 \cdot 10^{-13}$	$3 \cdot 10^{-5}$
Rn-222 . .	—	$5 \cdot 10^{-8}$	—
Ra-226 . .	0,1	$8 \cdot 10^{-12}$	$4 \cdot 10^{-8}$
Pu-239 . .	0,04	$2 \cdot 10^{-12}$	$1,5 \cdot 10^{-6}$

322. Abschirmung von β- und γ-Strahlung.

In Abb. 1 ist für verschiedene Substanzen die für praktisch vollständige Absorption von β-Strahlung erforderliche Materialdicke als Funktion der β-Energie aufgezeichnet.

Zur Berechnung der Abschirmdicke gegen γ-Strahlung kann das exponentielle Absorptionsgesetz (Gl. 16-1) für die primäre Strahlung benutzt werden. Es ist jedoch zu beachten, daß die durch die primäre γ-Strahlung erzeugte Sekundärstrahlung zunimmt beim Übergang von einem dünneren zu einem dichteren Medium. Dies bewirkt, daß die erforderliche Absorberdicke etwas größer wird als die für die Absorption der Primärstrahlung berechnete. Auf Grund der großen Schwierigkeiten, den Absorptionsverlauf bei den schlecht definierten geometrischen Verhältnissen, wie sie in der Regel vorliegen, zu berechnen, müssen empirische Messungen ausschlaggebend sein für die endgültige Formung des Strahlenschutzes, und die Berechnungen dienen nur zur Orientierung. Für derartige Berechnungen kann die folgende Tab. 4 verwendet werden.

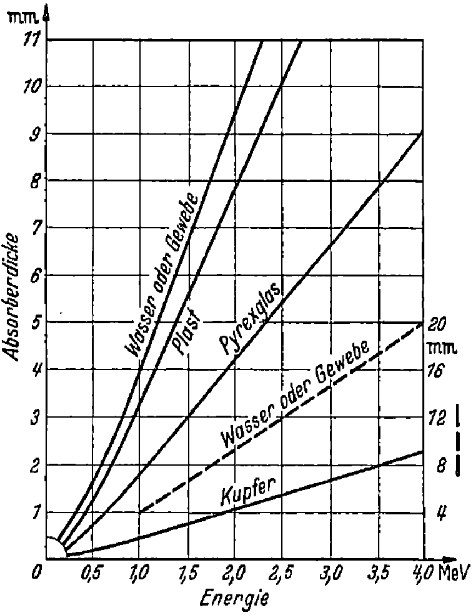

Abb. 32-1. Erforderliche Abschirmdicken verschiedener Absorber gegen β-Strahlung (nach [N 8]).

Tabelle 32-4.
Halbwertsdicke von verschiedenem Strahlenschutzmaterial.

E_γ [MeV]	Halbwertsdicke [cm]			
	Wasser	Beton	Eisen	Blei
0,2	5,1	2,1	0,66	0,138
0,5	7,8	3,0	1,11	0,42
1,0	10,2	4,5	1,56	0,9
1,5	12,0	5,1	1,74	1,2
2,0	14,4	5,9	2,10	1,35
2,5	16,5	6,9	2,12	1,47
3,0	18,3	7,8	2,31	1,47
4,0	21,0	8,4	2,55	1,47
5,0	23,1	9,9	2,88	1,47

Für eine schnelle Berechnung der erforderlichen Schichtdicke von nicht permanenten Strahlenschutzanordnungen bei der Arbeit mit γ-Strahlern im Laboratorium kann man mit Vorteil die von C.C. GAMERTS-FELDER aufgestellte und in [N 3] aufgenommene Tabelle benutzen, die hier als Tab. 5 wiedergegeben ist. Speziell für die Berechnung der Abschirmdicke gegen Co-60 hat BENNETT [B 16] ein Diagramm ausgearbeitet.

Tabelle 32-5.

Erforderlicher Strahlenschutz gegen γ-Strahlung nach GAMERTSFELDER *(vgl. [N 3]).*

Aktivität	Energie [MeV]									
	0,2	0,5	0,8	1,0	1,5	2,0	2,5	3,0	4,0	
10 mc .	—0,14	—0,36	—0,27	—0,11	+0,37	+0,78	+1,15	+1,40	+1,70	
20 mc .	—0,09	0,00	+0,41	+0,76	+1,57	+2,16	+2,63	+2,91	+3,21	
50 mc .	—0,01	+0,47	+1,31	+1,90	+3,15	+4,00	+4,57	+4,90	+5,20	
100 mc .	+0,06	+0,82	+1,99	+2,77	+4,34	+5,38	+6,05	+6,41	+6,71	
200 mc .	+0,10	+1,17	+2,67	+3,63	+5,54	+6,77	+7,52	+7,92	+8,21	
500 mc .	+0,17	+1,64	+3,57	+4,78	+7,12	+8,60	+9,47	+9,91	+10,21	
1 c . .	+0,23	+1,99	+4,25	+5,65	+8,31	+9,99	+10,95	+11,41	+11,71	*a*
2 c . . .	+0,28	+2,35	+4,93	+6,52	+9,51	+11,37	+12,42	+12,92	+13,22	
5 c . . .	+0,36	+2,81	+5,82	+7,66	+11,09	+13,21	+14,37	+14,91	+15,21	
10 c . .	+0,41	+3,17	+6,50	+8,52	+12,28	+14,59	+15,85	+16,42	+16,72	
20 c . .	+0,47	+3,52	+7,18	+9,39	+13,48	+15,98	+17,32	+17,93	+18,23	
50 c . .	+0,54	+3,99	+8,08	+10,54	+15,06	+17,81	+19,27	+19,92	+20,22	
100 c . .	+0,60	+4,34	+8,76	+11,40	+16,25	+19,20	+20,75	+21,43	+21,72	
Arbeits-abstand	plus	plus	plus	plus	plus	plus	plus	plus	plus	
20 cm .	+0,26	+1,64	+3,16	+4,02	+5,55	+6,44	+6,85	+7,00	+7,00	
50 cm .	+0,11	+0,71	+1,36	+1,73	+2,39	+2,77	+2,95	+3,01	+3,01	
1 m . .	0,00	0,00	0,00	0,00	0,00	0,00	0,00	0,00	0,00	
2 m . .	—0,11	—0,71	—1,36	—1,73	—2,39	—2,77	—2,95	—3,01	—3,01	*b*
5 m . .	—0,26	—1,64	—3,16	—4,02	—5,55	—6,44	—6,85	—7,00	—7,00	
10 m . .	—0,37	—2,35	—4,52	—5,76	—7,94	—9,21	—9,80	—10,01	—10,01	
Arbeits-zeit h/d	plus	plus	plus	plus	plus	plus	plus	plus	plus	
1	—0,17	—1,06	—2,04	—2,60	—3,59	—4,16	—4,42	—4,52	—4,52	
2	—0,11	—0,71	—1,36	—1,73	—2,39	—2,77	—2,95	—3,01	—3,01	
4	—0,06	—0,35	—0,68	—0,87	—1,20	—1,39	—1,47	—1,51	—1,51	*c*
8	0,00	0,00	0,00	0,00	0,00	0,00	0,00	0,00	0,00	
24 . . .	+0,09	+0,56	+1,08	+1,37	+1,89	+2,20	+2,34	+2,39	+2,39	
Absorber	mal	mal	mal	mal	mal	mal	mal	mal	mal	
Pb . . .	1,00	1,00	1,00	1,00	1,00	1,00	1,00	1,00	1,00	
Fe . . .	8,80	2,88	1,96	1,74	1,49	1,43	1,47	1,48	1,59	
Al; Beton	41,67	9,80	6,18	5,33	4,83	5,00	5,28	5,68	6,39	*d*
H_2O . .	106,84	21,54	13,42	11,59	10,36	11,11	11,19	12,11	12,78	

a = Ausgangsziffer,
b = Korrektion für Abstand,
c = Korrektion für Arbeitszeit,
d = Korrektion für Absorber.

Beispiel. Welche Dicke muß ein Eisenschirm haben für die Arbeit mit 500 mc eines radioaktiven Präparates mit 1,8 MeV γ-Strahlung bei einem Mindestabstand von 50 cm und einer Arbeitszeit von 4 Std. pro Tag?

$$\text{Dicke} = (8,60 + 2,77 - 1,39) \times 1,43 = 14,3 \text{ cm Eisen.}$$
$$\phantom{\text{Dicke} = (}a b c d$$

Schließlich sei daran erinnert, daß Abstand der beste Schutz ist. Bei Abständen, die groß sind im Vergleich zu den Dimensionen der Strahlenquelle, gilt, daß die Dosisleistung umgekehrt proportional dem Quadrate des Abstandes ist. Für ein Radiumpräparat von 1 mc gilt also z. B. nach Tab. 17-2:

$$\text{Dosisleistung} = \frac{0{,}84}{a^2}\,\text{mr/h}\,,\tag{3}$$

wobei a = Abstand in Metern. Nimmt man ein (in ein Glasröhrchen eingeschlossenes) Ra-Präparat von 1 mc direkt in die Hand, so ist der Abstand vielleicht 3 mm. Folglich erhält man nach Gl. 3 etwa 10^5 mr/h, d. h. die Toleranzdosis für Hände wird in Bruchteilen einer Sekunde erreicht. Hält man ein derartiges Präparat statt dessen mit einer Zange im Abstand von 10 cm von der Hand, so erhält man nur 84 mr/h, d. h. die Toleranzdosis erst nach einer halben Stunde.

Allgemein gilt:

$$\text{Dosisleistung [r/h]} = \frac{I\,[\text{r h m}]}{a^2\,[\text{m}]}\tag{4}$$

wobei I = Ionisierungsintensität. Die zulässige Arbeitszeit berechnet sich dann aus der Gleichung:

$$\text{Zulässige Arbeitszeit}\left[\frac{\text{Stunden}}{\text{Woche}}\right] = \frac{0{,}3\cdot a^2}{I}\tag{5}$$

Literaturhinweise.

Im folgenden seien einige einschlägige Bücher und Sammelreferate angeführt, auf die teilweise schon im Text hingewiesen wurde, die aber zur Übersicht hier zusammengestellt seien.

1. Grundlagen.

Als die Standardwerke der klassischen Radioaktivität seien genannt:

CURIE: Radioactivité, 1935 [C 13].

FAJANS: Radioaktivität, Braunschweig, 1930 [F 6].

HEVESY and PANETH: A Manual of Radioactivity, 1938 [H 8].

KOHLRAUSCH: Radioaktivität, 1928 [K 4].

MEYER und SCHWEIDLER: Radioaktivität, 1928 [M 2].

RUTHERFORD, CHADWICK and ELLIS: Radiations from Radioactive Substances, 1930 (1951) [R 2].

Aus der modernen kernphysikalischen und kernchemischen Buchliteratur seien folgende einführenden Werke genannt:

CORK: Radioactivity and Nuclear Physics, 1950 [C 14].

EVANS: Fundamentals of Nuclear Physics, 1947 [E 8].

FERMI et al.: Nuclear Physics, 1951 [F 8].

FRIEDLANDER and KENNEDY: Introduction to Radiochemistry, 1949 [F 5].

GLASSTONE: Sourcebook on Atomic Energy, 1950 [G 12].

HALLIDAY: Introductory Nuclear Physics, 1950 [H 15].

HEISENBERG: Die Physik der Atomkerne, 1949 [H 23].

LAPP und ANDREWS: Nuclear Radiation Physics, 1948 [L 7],

RENAULT: Chimie Nucléaire, 1949 [R 10].

RIEZLER: Einführung in die Kernphysik, 1950 [R 9].

WILLIAMS: Principles of Nuclear Chemistry, 1950 [W 7].

Die neuesten Tabellen über die bekannten Daten aller Atomkerne findet man in den folgenden Werken:

LANDOLT-BÖRNSTEIN I/5, Atomkerne [L 2] (Literatur bis Anfang 1951).

Nuclear Data [N 2] (Literatur bis Juni 1951).

Nuclear Science Abstracts, USAEC, Bd. 6 (1952) ff. (Literatur ab Juli 1951).

2. Anwendungen.

Die Möglichkeiten der Anwendung radioaktiver Isotope werden in nahezu allen unter 1 genannten Büchern kurz erwähnt. Im folgenden seien einige Arbeiten genannt, bei denen das Hauptgewicht auf den Anwendungen und den erzielten Resultaten liegt.

Als Standardwerke vor Entdeckung der künstlichen Radioisotope sind zu nennen:

HAHN: Applied Radiochemistry, 1936 [H10].

PANETH: Radio-Elements as Indicators, 1928 [P4].

Von modernen Arbeiten seien genannt:

CALVIN, HEIDELBERGER, REID, TOLBERT und YANKWICH: Isotopic Carbon, 1949 [C10].

GUEST: Radioisotopes. Industrial Applications, 1951 [G8].

HEVESY: Radioactive Indicators. Their Use in Biochemistry, Animal Physiology and Pathology, 1948 [H4].

KAMEN: Radioactive Tracers in Biology, 1951 [K2].

LAWRENCE und HAMILTON (Edit.): Advances in Biological and Medical Physics, 1948 and 1950 [L6].

POLLARD und DAVIDSON: Applied Nuclear Physics, 1950 [P7].

SACKS: Radioactive Isotopes as Indicators in Biology, 1948 [S13].

SCHUBERT: Kernphysik und Medizin, 1947 [S8].

SIRI: Isotopic Tracers and Nuclear Radiations, 1949 [S12].

WAHL und BONNER (Edit.): Radioactivity Applied to Chemistry, 1951 [W4].

WILSON (Edit.): A Symposium on the Use of Isotopes in Biology and Medicin, 1948 [W5].

3. Isotopentechnik.

Von Büchern, in denen besonders die methodischen Probleme [Isotopenproduktion (P), Radioisotopenchemie (C), Meßinstrumente (I) und Meßmethodik (M) für Radioaktivität sowie Strahlenschutz (S)] behandelt werden, seien folgende angeführt:

BRODA: Advances in Radiochemistry, 1950 [B14] (P, C).

CALVIN et al.: Isotopic Carbon, 1949 [C10] (P, C, I, M).

CURRAN und CRAGGS: Counting Tubes; Theory and Applications, 1949 [C15] (I, M).

CURTISS: The Geiger-Müller Counter, 1950 [C8] (I, M).

CURTISS: Measurements of Radioactivity, 1949 [C7] (P, I).

DÄNZER: Strahlenschutz [D4] (S).

ERBACHER: Trennung radioaktiver Atomarten, 1948 [E12] (C).

FRIEDLÄNDER und KENNEDY: Introduction to Radiochemistry, 1949 [F5] (C, I, M).

GARRISON und HAMILTON: Production and Isolation of Carrier-Free Radioisotopes, 1951 [G15] (P, C).

JOLIOT-CURIE: Les Radioéléments Naturels, 1946 [J1] (C).

KAMEN: Radioactive Tracers in Biology, 1951 [K2] (P, C, I, M).

KORFF: Electron and Nuclear Counters, 1946 [K5] (I, M).

ROSSI und STAUB: Ionisation Chambers and Nuclear Counters, 1949 [R 11] (I).

SCHUBERT: Kernphysik und Medizin, 1947 [S 8] (P, S).

SCHWEITZER und WHITNEY: Radioactive Tracer Techniques, 1949 [S 17] (C, I, M).

SIRI: Isotopic Tracers and Nuclear Radiations, 1949 [S 12] (P, I, M, S).

TAYLOR: The Measurement of Radio Isotopes, 1951 [T 10] (I, M).

WILKINSON: Ionisation Chambers and Counters, 1950 [W 9] (I).

Literaturzitate.

A 1 ARNOLD I. R.: Bull. Atom. Sc. 6 (1950) 290. — A 2 AEBERSOLD P. C.: Mechanical Engin. 71 (1949) 987. — A 3 ALBRECHT H. O. and MANDEVILLE C. E.: Phys. Rev. 81 (1951) 163. — A 4 AEBERSOLD P. C.: Isotopes and their Applications in the Field of Industrial Materials, Edgar Marburg Lecture 1950, Am. Soc. f. Testing Materials, Philadelphia, Pa., 1950. — A 5 ALLEN A. O.: J. Phys. Coll. Chem. 52 (1948) 479. — A 6 ALLEN A. O.: Effects of Radiation on Materials, in [G 1] Vol. 2. — A 7 ANDERSON H. L. and FELD B. T.: Rev. Sci. Instr. 18 (1947) 186, 331. — A 8 AMES D. P. and WILLARD J. E.: J. Am. Chem. Soc. 73 (1951) 164. — A 9 AEBERSOLD P. C. and ANSLOW G. A.: Phys. Rev. 69 (1946) 1. — A 10 AEBERSOLD P. C. and RUPP A. F.: Nucleon. 10 (1952) No. 1, 24.

B 1 BETHE H. A.: Bull. Atom. Sc. 6 (1950) 99. — B 2 BETHE H. A.: Elementary Nuclear Theory, New York (Wiley and Sons) 1947. — B 3 BETHE H. A. and BACHER R. F.: Nuclear Physics. A. Stationary States of Nuclei. Rev. Mod. Phys. 8 (1936) 82. — B 4 BRIGHTSON R. A.: Nucleon. 6 (1950) No. 4, 14. — B 5 BENOIST P., BOUCHEZ R., DAUDEL P., DAUDEL R. and ROGOZINSKI A.: Phys. Rev. 76 (1949) 1000. — B 6 Brookhaven Conference Report, Chemistry Conference No. 2, 1948. — B 7 BOYD G. E.: Analytical Chem. 21 (1949) 335. — B 8 Brookhaven Conference Report, Chemistry Conference No. 4, 1950. — B 9 BIRCHENALL C. E. and PHILBROOK W. O.: The Iron Age 164 (1949) 77, 174. — B 10 BURWELL J. T.: Nucleon. 1 (1947) No. 4, 38; BURWELL and MURRAY S. F.: Nucleon. 6 (1950) No. 1, 34. — B 11 BOHR N.: Nature 137 (1936) 344, 351; Science 86 (1937) 161. — B 12 BLAU M. and CARLIN J. R.: Industrial Applications of Radioactivity, Electronics 21 (1948) 78. — B 13 BORN H. J. and ZIMMER K. G.: Die Gasmaske (1940) No. 2, 1. — B 14 BRODA E.: Advances in Radiochemistry and in the Methods of Producing Radioelements by Neutron Irradiation, London (Cambr. Univ. Press) 1950. — B 15 BARDEEN J., BRATTAIN W. H. and SHOCKLEY W.: J. Chem. Phys. 14 (1946) 714. — B 16 BENNETT G. A.: Nucleon. 8 (1951) No. 4, 55. — B 17 BURTON M.: J. Phys. Coll. Chem. 51 (1947) 611. — B 18 BAYLEY D. S. and CRANE H. R.: Phys. Rev. 52 (1937) 604. — B 19 BIZZELL O. M., BURNETT W. T. jun., TOMPKINS P. C. and WISH L.: Nucleon. 8 (1951) No. 4, 17. — B 20 Brookhaven Conference Report, Biological Applications of Nuclear Physics, July 1948. — B 21 BOOTH A. H.: Trans. Faraday Soc. 47 (1951) 633, 640. — B 22 BRUCER M. et al.: Nucleon. 10 (1952) No. 3, 46.

C 1 CURIE M., DEBIERNE A., EVE A. S., GEIGER H., HAHN O., LIND S. C., MEYER S., RUTHERFORD E. and SCHWEIDLER E.: Rev. Mod. Phys. 3 (1931) 427. — C 2 CURTISS L. F., EVANS R. D., JOHNSON W. and SEABORG G. T.: Science 110 (1949) 542. — C 3 CONDON E. U. and CURTISS L. F.: Phys. Rev. 69 (1946) 672. — C 4 COCKCROFT J.: Bull. Atom. Sc. 6 (1950) 325. — C 5 CORYELL C. D. and SUGARMAN N. (Edit.): Radiochemical Studies: The Fission Products, NNES, New York (McGraw-Hill) 1951, 3 Vol. — C 6 COMAR C. L. Nucleon. 3 (1948) No. 3, 32; No. 4, 30;

No. 5, 34. — C7 CURTISS L. F.: Measurements of Radioactivity, National Bureau of Standards, U.S. Dpt. of Com., Circular 476, Oct. 15, 1949. — C8 CURTISS L. F.: The Geiger-Müller Counter, National Bureau of Standards, U.S. Dpt. of Com., Circular 490, Jan. 23, 1950. — C9 CLUSIUS K.: Die Chemie 56 (1943) 241; Chimia 4 (1950) 275. — C10 CALVIN M., HEIDELBERGER C., REID J. C., TOLBERT B. M. and YANKWICH B. F.: Isotopic Carbon; Techniques in Its Measurement and Chemical Manipulation, New York (Wiley and Sons) 1949. — C11 COCKCROFT J.: Endeavour 9 (1950) 55. — C12 CLAPP C. W. and BERNSTEIN S.: Gen.Elec.Rev. 53 (1950) No. 11, 39. — C13 CURIE M.: Radioactivité, Paris 1935. — C14 CORK J. M.: Radioactivity and Nuclear Physics, New York (Van Nostrand) 2nd ed. 1950. — C15 CURRAN S. C. and CRAGGS J. D.: Counting Tubes; Theory and Applications, New York (Academic Press) 1949. — C16 COOK P. M.: Atomics 2 (1951) 301. — C17 CROMPTON C. E. and WOODRUFF N. H.: Nucleon. 7 (1950) No. 3, 49; No. 4, 44. — C18 CARLIN J. R.: Electronics 22 (1949) 110. — C19 CARLIN J. R.: Rubber Age 66 (1949) 173. — C20 COBBLE J. W. and ATTEBERRY R. W.: Phys. Rev. 80 (1950) 917. — C21 CASSELS J. M. in O. R. FRISCH (Edit.): Progress in Nuclear Physics, London (Butterworth-Springer) 1950. — C22 CRAMER H. und UNGER O.: Mediz. Klin. 13 (1951) 393. — C23 Ciba Foundation Conference: Isotopes in Biochemistry, London (Churchill) 1951.

D1 DIXON W. R.: Atomics 2 (1951) 273. — D2 DIRAC P. A. M.: Quantum Mechanics, Oxford 1935. — D3 DESSAUER F.: Atomenergie und Atombombe. Frankfurt a. M. (J. Knecht) 1949. — D4 DÄNZER H.: Fiat Review 14 (1948) 107.

E1 EVANS R. D.: Nucleon. 1 (1947) No. 2, 1. — E2 EHRENBERG R.: Radiometrische Analyse in: Physikalische Methoden in der analytischen Chemie, Band 1 (1933). — E3 ERBACHER O. und PHILIPP K.: Angew. Chem. 48 (1935) 409. — E4 EDELMAN A.: AAAS Symposium on Radiobiology, Nucleon. 8 (1951) No. 4, 28. — E5 EVANS T. C.: Nucleon. 2 (1948) No. 3, 52. — E6 ERBACHER O. und NIKITIN B.: Z. phys. Chem. A 158 (1932) 231. — E7 ERBACHER O. und WANNENMACHER E.: Die Zahn-, Mund- u. Kiefernheilkunde 8 (1941) 201. — E8 EVANS R. D.: Chapter 1 in Vol.1 in [G1]. — E9 EASTWOOD W. S., MARLEY W. G., FINNISTON and WILLIAMS: Radioactive Tracers in Metallurgical Research, London 1950. — E10 EASTWOOD W. S.: Atomics 2 (1951) 81. — E11 EVANS R. D.: Nucleon. 1 (1947) No. 2, 32. — E 12 ERBACHER, O.: Ang. Chem. 59 a (1947) 6; Fiat Review, Anorg. Chemie, 1948.

F1 FLÜGGE S. und MATTAUCH J.: Physik. Z. 49 (1943) 181. — F2 FEATHER N.: Proc. Cambridge Philos. Soc. 34 (1938) 599. — F3 FLAMMERSFELD A.: Z. Naturforsch. 2a (1947) 370. — F4 FLÜGGE S. und ZIMEN K. E.: Z. phys. Chem. 42 (1939) 179. — F5 FRIEDLANDER G. and KENNEDY J.: Introduction to Radiochemistry, New York (Wiley and Sons) 1949. — F6 FAJANS K.: Radioaktivität, Braunschweig 4. Aufl. 1930. — F7 FEARNSIDE K.: vgl. Atomics 2 (1951) 281. — F8 FERMI E. (OREAS J., ROSENFELD A. H., SCHLUTER R. A.): Nuclear Physics, Chicago (Univ. of Ch. Press) 1951. — F9 FEARON R. E.: Nucleon. 4 (1949) No. 4, 67. — F10 FEARON R. E.: Nucleon. 4 (1949) No. 6, 30.

G1 GOODMAN C. (Edit.): The Science and Engineering of Nuclear Power, Cambridge, Mass. (Addison Wesley Press) Vol. 1 1947, Vol. 2 1949. — G2 GOODMAN C.: Nucleon. 4 (1949) No. 2, 2. — G3 GAMOW G. and CRITCHFIELD C. L.: Theory of Atomic Nucleus and Nuclear Energy Sources, Oxford (Clarendon Press) 1949. — G4 GENTNER W., MAIER-LEIBNITZ H. und BOTHE W.: Atlas typischer Nebelkammerbilder mit Einführung in die WILSONsche Methode, Berlin (Springer) 1940. — G5 GOEPPERT-MAYER M.: Phys. Rev. 74 (1948) 235. — G6 GEMANT A. and ARCHER H. M.: Nucleon. 3 (1948) No. 1, 40. — G7 GUEST G. H. (Edit.): Proceedings of the Conference on Industrial Uses of Radioactive Isotopes, London,

(Pitman) 1948. — G8 GUEST G. H.: Radioisotopes. Industrial Applications, Toronto 1951. — G9 GRAHAME D. C. and SEABORG G. T.: J. Am. Chem. Soc. 60 (1938) 2524. — G10 GAUDIN A. M., DE BRUYN P. L., BLOECHER F. W. and CHANG C. S.: Mining and Metallurgy 29 (1948) 432. — G11 GORBMAN A.: Nucleon. 2 (1948) No. 6, 30. — G12 GLASSTONE S.: Sourcebook on Atomic Energy, New York (Van Nostrand) 1950. — G13 GRÉGOIRE R.: Constantes Selectionnées Physique Nucléaire, Paris (Hermann et Cie) 1948. — G14 GLASCOCK R.: Labelled Atoms, New York (Interscience Publ.) 1951. — G15 GARRISON W. M. and HAMILTON J. G.: Chem. Rev. 49 (1951) 237. — G16 GRAY L. H.: Cambridge Phil. Soc. 40 (1944) 72. — G17 GOLDSMITH H. H.: Nucleon. 4 (1949) No. 6, 62.

H1 HAHN O.: Die Nutzbarmachung der Energie der Atomkerne, Deutsches Museum, Abh. und Ber., 18 (1950) Heft 2. — H2 HOLLOWAY M. and LIVINGSTON M. S.: Phys. Rev. 54 (1938) 18. — H3 HAHN O.: Ber. D. Chem. Ges. 54 (1921) 1131. — H4 HEVESY G.: Radioactive Indicators. Their Use in Biochemistry, Animal Physiology and Pathology. New York (Interscience Publ.) 1948. — H5 HOSKEN W. E.: Atomics 2 (1951) 341. — H6 HENRIQUES F. C. and MARNETTI C.: Ind. Eng. Chem. 18 (1946) 476. — H7 HAISSINSKY M.: J. Chim. Physique 47 (1950) 957. — H8 HEVESY G. and PANETH F.: A Manuel of Radioactivity, Oxford (Univers. Press) 1938. — H9 HAISSINSKY M.: Electrochimie des substances radioactives et des solutions extrémement diluées, Paris 1946. — H10 HAHN O.: Applied Radiochemistry, Ithaca (Cornell Univ. Press) 1936. — H11 HAHN O.: J. Chem. Soc. Suppl. No. 2 (1949) S 259—74. — H12 HALL L. D.: J. Am. Chem. Soc. 73 (1951) 757. — H13 HAHN P. F. (Edit.): A Manual of Artificial Radioisotope Therapy, New York (Academic Press) 1950. — H14 HEVESY G.: J. Chem. Soc. (1951) 1618. — H15 HALLIDAY D.: Introductory Nuclear Physics, New York (Wiley and Sons) 1950. — H16 HEATH D. F.: Atomics 2 (1951) 163. — H17 HEDVALL J. A. und LINDNER R.: Einführung in die Festkörperchemie, Braunschweig (Vieweg und Sohn) 1952. — H18 HARWOOD J. J.: Nucleon. 2 (1948) No. 1, 57. — H19 HEVESY G. and ZERAHN M.: Acta Physiol. Scand. 4 (1942) 376. — H20 HAHN P. F. and CAROTHERS E. L.: Nucleon. 6 (1950) No. 1, 54. — H21 HAHN P. F. and SHEPPARD C. W.: Ann. Internal Med. 28 (1948) 598. — H22 HARTLEY H.: Bull. Atom. Sc. 6 (1950) 322. — H23 HEISENBERG W.: Die Physik der Atomkerne, Braunschweig (Vieweg und Sohn) 4. Aufl. 1949. — H24 HAXEL O., JENSEN J. H. und SUESS H. E.: Erg. d. ex. Naturw. Bd. 26 (1952). — H25 HILLERT M.: Nature 168 (1951) 39; Research 5 (1952) 192. — H26 HENRIQUES F. C. and SCHREIBER A. P.: Nucleon. 2 (1948) No. 3, 1. — H27 HUME D. N.: Anal. Chem. 21 (1949) 322.

I1 International Commission on Radiological Units: Brit. J. Radiol. 24 (1951) 54; Nucleon. 8 (1951) No. 1, 28. — I2 International Commission on Radiological Protection. Brit. J. Radiol. 24 (1951) 46; Nucleon. 8 (1951) No. 2, 70. — I3 Isotopes Branch National Research Council, Atomic Energy Project, Chalk River, Ont., Canada: Pile-Produced Isotopes, March 1, 1950. — I4 IRVINE J. W. Jr.: J. Chem. Soc. Suppl. 2 (1949) 356. — I5 IRVINE J. W. Jr.: Nucleon. 3 (1948) No. 2, 5; Chapter 14 in [G1] Vol. 2. — I6 IRVINE J. W. Jr.: Analytical Chem. 21 (1949) 364. — I7 Isotopenkommission der Schweiz. Akad. der Mediz. Wiss.: Beiträge zur Anwendung der Isotopentechnik in Biologie, Klinik und Therapie, Basel (Schwabe und Co.) 1950.

J1 JOLIOT-CURIE I.: Les Radioéléments Naturels, Paris 1946. — J2 JOHNSTON J. E.: vgl. Atomics 2 (1951) 284. — J3 JORRIS G. G. and TAYLOR H. S.: J. Chem. Phys. 16 (1948) 45. — J4 JACKSON H. R., BURK F. C., TEST L. J. and COWELL A. T.: vgl. Chem. Eng. News 29 (1951) 4850. — J5 JELLEY J. V.: Atomics 2 (1951) 191. — J6 JOST W.: Diffusion in Solids Liquids Gases, New York (Academic Press) 1952.

K 1 Kohman T. P.: Amer. J. of Phys. 35 (1947) 356. — K 2 Kamen M. D.: Radioactive Tracers in Biology, An Introduction to Tracer Methodology, New York (Academic Press) 2nd ed. 1951. — K 3 Keston A. S., Udenfriend S. and Levy M.: J. Am. Chem. Soc. 69 (1948) 3151. — K 4 Kohlrausch K. W. F.: Radioaktivität. Handb. der Experim. Physik Bd. 15 (1928). — K 5 Korff S. A.: Electron and Nuclear Counters, Theory and Use, New York (Van Nostrand) 1946. — K 6 Kastner J.: Can. J. Phys. 29 (1951) 480. — K 7 Kopecki E. S.: Iron Age 160 (1947) 60.

L 1 Livingston M. S. and Bethe H. A.: Rev. Mod. Phys. 9 (1937) 245. — L 2 Landolt-Börnstein: Zahlenwerte und Funktionen, 6. Aufl. I. Band 5. Teil „Atomkerne", Berlin (Springer) 1952. — L 3 Laurence W. L.: The Hell Bomb, New York 1950. — L 4 Leddicotte G. W. and Reynolds S. A.: Nucleon. 8 (1951) No. 3, 62. — L 5 Libby W. F., Anderson E. C. and Arnold J. R.: Science 109 (1949) 227. — L 6 Lawrence J. H. and Hamilton J. G. (Edit.): Advances in Biological and Medical Physics. New York (Academic Press) Vol. 1 (1948) Vol. 2 (1951). — L 7 Lapp R. E. and Andrews H.L.: Nuclear Radiation Physics, New York (Prentice Hall) 1948. — L 8 Lind S. C.: The Chemical Effects of Alpha-Particles and Electrons. Am. Chem. Soc. Mon. Ser. No. 2, 1928. — L 9 Lea D.: Actions of Radiations on Living Cells, London (Cambr. Univ Press) 1947. — L 10 Lindner R. und Johansson G.: Acta Chem. Scand. 4 (1950) 307. — L 11 Lawson L. L. and Cork J. M.: Phys. Rev. 57 (1940) 892. — L 12 Leyson B. W.: Atomic Energy in War and Peace, New York (Dutton) 1951. — L 13 Lapp R. E. and Andrews H.L.: Nucleon. 3 (1948) No. 3, 60. — L 14 Lindberg O. and Hummel J. P.: Ark. f. kemi 1 (1949) No. 2, 17.

M 1 McMahon B. E.: Bull. Atom. Sc. 7 (1951) 297. — M 2 Meyer S. und Schweidler E.: Radioaktivität, Leipzig (Teubner) 2. Aufl. 1928. — M 3 Melander L.: Arkiv kemi 2 (1950) 211. — M 4 Manov G. G.: cf. Chem. Eng. News 29 (1951) 4850. — M 5 Muehlhouse C. O. and Thomas G. E.: Nucleon. 7 (1950) No. 1, 9. — M 6 Marley W. G.: Research (London) 2 (1949) 2. — M 7 Mattauch J. und Flammersfeld A.: Isotopenbericht, Tübingen (Z. Naturforsch.) 1949. — M 8 Maxted E. B.: Modern Advances in Inorganic Chemistry, Oxford (Clarendon Press) 1947, Chapters 7 and 8. — M 9 Mochels W. E. and Peterson J. H.: J. Am. Chem. Soc. 71 (1949) 1426. — M 10 Manovitz B.: vgl. Chem. Eng. News 30 (1952) 1516. — M 11 Mitchell J. S.: Brit. J. Radiol. 20 (1947) 79, 177.

N 1 N. N.: Radioactive Isotopes in Industry, 1. Metallurgy, Atomics 2 (1951) 39. — N 2 National Bureau of Standards, U.S. Dpt. of Commerce, Circular 499: Nuclear Data (1950) (Lit. bis Ende 1949); Supplement 1 (1951) (Lit. bis Juni 1950); Supplement 2 (1952) (Lit. bis Jan. 1951); Supplement 3 (1952) (Lit. bis Juni 1951). — N 3 National Bureau of Standards, U.S. Dpt. of Commerce, Handbook 42: Safe Handling of Radioactive Isotopes, 1949. — N 4 N. N.: Gamma Radiography: Atomics 1 (1950) 108; 2 (1951) 112. — N 5 N. N.: Eliminating Static Electricity by Radioactivity, Atomics 2 (1951) 71. — N 6 N. N.: Radiation and Agriculture, Atomics 1 (1950) 45. — N 7 N. N.: Radioactive Tracers in Steelmaking, The Iron Age 164 (1949) 85. — N 8 N. N.: Radioactive Isotopes in Industry. 2. Petroleum, Atomics 2 (1951) 329. — N 9 Nylin, G.: Arkiv f. kemi 20 A (1945) No. 17. — N 10 Naval Medical Bulletin, Supplem. on Preparation and Measurement of Isotopes and Some of Their Medical Aspects, Washington, March—April 1948.

O 1 Ohmart P. E.: vgl. Chem. Eng. News 29 (1951) 4857. — O 2 O'Meara J. P.: Nucleon. 10 (1952) No. 2, 19.

P 1 Paneth F.: Nature 166 (1950) 931; Nucleon. 8 (1951) No. 5, 38. — P 2 Philipp K.: Naturwiss. 11 (1936) 1203. — P 3 Parks R. D.: Source Materials for Nuclear Power, in [G 1] Vol. 2. — P 4 Paneth F.: Radioelements as Indicators and Other Selected Topics in Inorganic Chemistry, New York (McGraw-Hill) 1928.

— P 5 Paneth F.: J. de Phys. Chim. 45 (1948) 205. — P 6 Paneth F. und Hevesy G.: Z. anorg. Chem. 82 (1913) 323. — P 7 Pollard E. and Davidson W. L.: Applied Nuclear Physics, New York (Wiley and Sons) 2nd ed. 1950. — P 8 Perlman I., Ghiorso A., and Seaborg G. T.: Phys. Rev. 75 (1949) 1096; 77 (1950) 26. — P 9 Perlman I.: Nucleon. 7 (1950) No. 2, 3. — P 10 Paneth F. A.: Quart. Reviews (London) 2 (1948) 93. — P 11 Parker H. M. in [L 6] Vol. 1.

Q 1 Quimby E. H.: Nucleon. 1 (1947) No. 4, 1.

R 1 Ridenour L. N.: Bull. Atom. Sc. 6 (1950) 199. — R 2 Rutherford E., Chadwick J. and Ellis C. D.: Radiations from Radioactive Substances, Cambridge (Univ. Press) 1930 (1951). — R 3 Rosenblum C.: Nucleon. 6 (1950) No. 4, 25. — R 4 Riezler W.: Z. Naturf. 4a (1949) 545. — R 5 Rodden O. J.: Analytical Chem. 21 (1949) 327. — R 6 Rosenblum C. and Flagg J. F.: Artificial Radioactive Indicators, J. Franklin Inst. 228 (1939) No. 4 and No. 5. — R 7 Riehl N.: Z. phys. Chem. 177 (1936) 224. — R 8 Radin N. S.: Nucleon. 1 (1947) No. 1, 24; No. 2, 48; No. 4, 51. — R 9 Riezler W.: Einführung in die Kernphysik, Berlin (H. Hübener) 4. Aufl. 1950. — R 10 Renault R.: Chimie Nucléaire, Paris 1949. — R 11 Rossi B.B. and Staub H. H.: Ionisation Chambers and Nuclear Counters, Experimental Techniques, NNES, New York (McGraw-Hill) 1949. — R 12 Russel R. S.: Atomics 1 (1951) 73. — R 13 Ruf F. und Philipp K.: Röntgen- und Labor-Praxis 4 (1951) 236.

S 1 Smyth H. D.: Atomic Energy for Military Purposes, New York (Princeton Univ. Press) 1945. — S 2 Schurr S. H. and Marschak J.: Economic Aspects of Atomic Power, New York (Princeton Univ. Press) 1950. — S 3 Seaborg, G. T.: Science 105 (1947) 349. — S 4 Seaborg G. T. and Perlman I.: Rev. Mod. Phys. 20 (1948) 585. — S 5 Spiers F. W.: Brit. J. Radiol. 19 (1946) 52. — S 6 Senftle F. E. and Leavitt W. Z.: Nucleon. 6 (1950) No. 5, 54. — S 7 Segré E. and Wiegand C.E.: AECD-2199 (1948); Leininger R. F., Segré E. and Wiegand C.: Phys. Rev. 76 (1949) 897. — S 8 Schubert G.: Kernphysik und Medizin, Göttingen (Muster-Schmidt) 1947. — S 9 Skanse B.: Acta Medica Scand. Supplem. 235 (1949). — S 10 Seaborg G. T.: Chem. Rev. 27 (1940) 199. — S 11 Sagortschew B.: Z. phys. Chem. 177 (1936) 235. — S 12 Siri W. E.: Isotopic Tracers and Nuclear Radiations. With Applications to Biology and Medicine. New York (McGraw-Hill) 1949. — S 13 Sacks J.: Radioactive Isotopes as Indicators in Biology, Chem. Rev. 42 (1948) 411. — S 14 Schubert J. and Conn E.: Nucleon. 4 (1949) No. 6, 2. — S 15 Schreiber A. P.: Nucleon. 2 (1948) No. 1, 33. — S 16 Süe P.: Dix ans d'application de la radioactivité artificielle, Paris (Soc. D'éditions Scientif.) 1948. — S 17 Schweitzer G. K. and Whitney I. R.: Radioactive Tracer Techniques, New York (Van Nostrand) 1949. — S 18 Seaborg G. T.: Nucleon. 5 (1949) No. 5, 16. — S 19 Seaborg G. T., Katz J. J. and Manning W. M. (Edit.): The Transuranium Elements, NNES, 2. Vol. New York (McGraw-Hill) 1949. — S 20 Seligman H.: Chemistry and Industry 20 (1949) 311. — S 21 Seith W.: Diffusion in Metallen, Berlin (Springer) 1939. — S 22 Stanley J. K.: Nucleon. 1 (1947) No. 2, 70. — S 23 Schubert J.: Nucleon. 8 (1951) No. 2, 13 and No. 3, 66. — S 24 Sreb J. H.: Phys. Rev. 81 (1951) 643. — S 25 Shull C. G., Wollan E. O., Morton G. A. and Davidson W. L.: Phys. Rev. 73 (1948) 842. — S 26 Snyder W. S: Nucleon. 6 (1950) No. 2, 46.

T 1 Thirring H.: Die Geschichte der Atombombe, Wien (Phoenix-Bücherei) 1946. — T 2 Thirring H.: Acta Phys. Austria 2 (1948) 339. — T 3 Tordai L.: Atomics 1 (1950) 290. — T 4 Tabern D. L., Taylor J. D. and Gleason G. J.: a) Nucleon. 7 (1950) No. 5, 3; b) ibid. No. 6, 40; c) ibid. 8 (1951) No. 1, 60. — T 5 Turkevich I., Bonner F., Schissler D. and Irsa P.: Stable and Instable Isotopes in Catalytic Research. Discussions of the Faraday Society No. 8 (1950) 352. — T 6 Tompkins E. R. et al.; Boyd G. E. et al.: J. Am. Chem. Soc. 69 (1947)

2769. — T 7 TORDAI L.: Atomics 1 (1950) 196. — T 8 TIMOFÉEFF-RESSOVSKY N. N. und ZIMMER K. G.: Strahlentherapie 74 (1944) 183. — T 9 TAYLOR T. I. and HAVENS W. W.: Nucleon. 6 (1950) No. 4, 54. — T 10 TAYLOR D.: The Measurement of Radio Isotopes, London (Menthuen and Co.) 1951.

U 1 United States Atomic Energy Commission and Departm. of Defense: The Effects of Atomic Weapons, New York (McGraw-Hill) 1950. — U 2 United States Atomic Energy Commission: Isotopes — A Five Year Summary of U.S. Distribution, Oak Ridge, 1952.

V 1 VOGT H.: Atomenergie und Atomumwandlung. Einführung für Techniker und Naturwissenschaftler, Darmstadt 1948.

W 1 WEIZSÄCKER C. F. v.: Naturwiss. 24 (1936) 813. — W 2 WESTERMARK T.: Nature 164 (1949) 1086. — W 3 WESTERMARK T.: Trans. Instr. and Meas. Conf. Stockholm 1949. — W 4 WAHL A. C. and BONNER N. A.: Radioactivity Applied to Chemistry, New York (Wiley and Sons) 1951. — W 5 WILSON P. W. (Edit.): A Symposium on the Use of Isotopes in Biology and Medicine, Madison (Univ. of Wisconsin Press) 1948. — W 6 WERNER A.: Z. f. Metallk. 26 (1934) 265. — W 7 WILLIAMS R. R. Jr.: Principles of Nuclear Chemistry, New York (Van Nostrand) 1950. — W 8 WESTERMARK T.: Research 4 (1951) 290. — W 9 WILKINSON D. H.: Ionisation Chambers and Counters, Cambridge (Univ. Press) 1950. — W 10 WOLLAN E. O. and SHULL C. G.: Nucleon. 3 (1948) No. 1, 8; No. 2, 17. — W 11 WERNER A.: Z. Elektrochem. 39 (1933) 611 und Z. f. Metallk. 26 (1934) 265. — W 12 WINKLER T. B. and CHIPMAN J.: Trans. Am. Inst. Mining Met. Eng. 167 (1946) 111. — W 13 WERNER A.: Z. f. Metallk. 27 (1935) 215. — W 14 WOOD R. G.: Atomics 2 (1951) 217. — W 15 WEILAND R. L.: Handbook of Artificial Radioactive Isotope Therapy, New York (Academic Press) 1951. — W 16 WAGNER C. und ZIMEN K. E.: Acta Chem. Scand. 1 (1947) 539. — W 17 WESTPHAL W. H.: Atomenergie, 1948. — W 18 WENNERBLOM A., ZIMEN K. E., and EHN E.: Sv. Kem. Tid. 63 (1951) 207. — W 19 WINTERINGHAM F. P. W., HARRISON A., and BRIDGES R. G.: Nucleon. 10 (1952) No. 3, 52. — W 20 WARREN S. and BRUES A. M.: Nucleon. 7 (1950) No. 4, 70.

Y 1 YANKWICH P. E.: Analytical Chem. 21 (1949) 318. — Y 2 YAGODA H.: Radioactive Measurements with Nuclear Emulsions, New York (Van Nostrand) 1949.

Z 1 ZIMEN K. E. und HEDVALL J. A.: Arkiv kemi etc. 22 A (1946) No. 25. — Z 2 ZIMEN K. E.: Arkiv kemi etc. 20 A (1945) No. 18 und 21 A (1946) No. 16. — Z 3 ZIMEN K. E.: Arkiv kemi etc. 23 A (1946) No. 16; Fundamental Mechanisms of Photographic Sensitivity, J. M. MITCHELL (Edit.), London (Butterworths) 1951, p. 53. — Z 4 ZIMEN K. E.: Arkiv kemi etc. 21 A (1946) No. 17. — Z 5 ZIMEN K. E.: Z. phys. Chem. 186 (1940) 94. — Z 6 ZIMEN K. E.: Z. phys. Chem. 191 (1942) 1 und 95. — Z 7 ZIMEN K. E.: Z. phys. Chem. 192 (1943) 1. — Z 8 ZIMEN K. E. och BERNE E.: Radioaktivitet och kärnreaktioner, Stockholm (Lindståhls Bokhandel) 1951. — Z 9 ZIRKLE R. E. (Edit.): Biological Effects of External Beta Radiation, NNES, New York (McGraw-Hill) 1951. — Z 10 ZIMEN K. E.: Svensk Kem. Tid. 62 (1950) 187.

Namenverzeichnis.

----

[1] vor 1948: Zimens.

Sachverzeichnis.

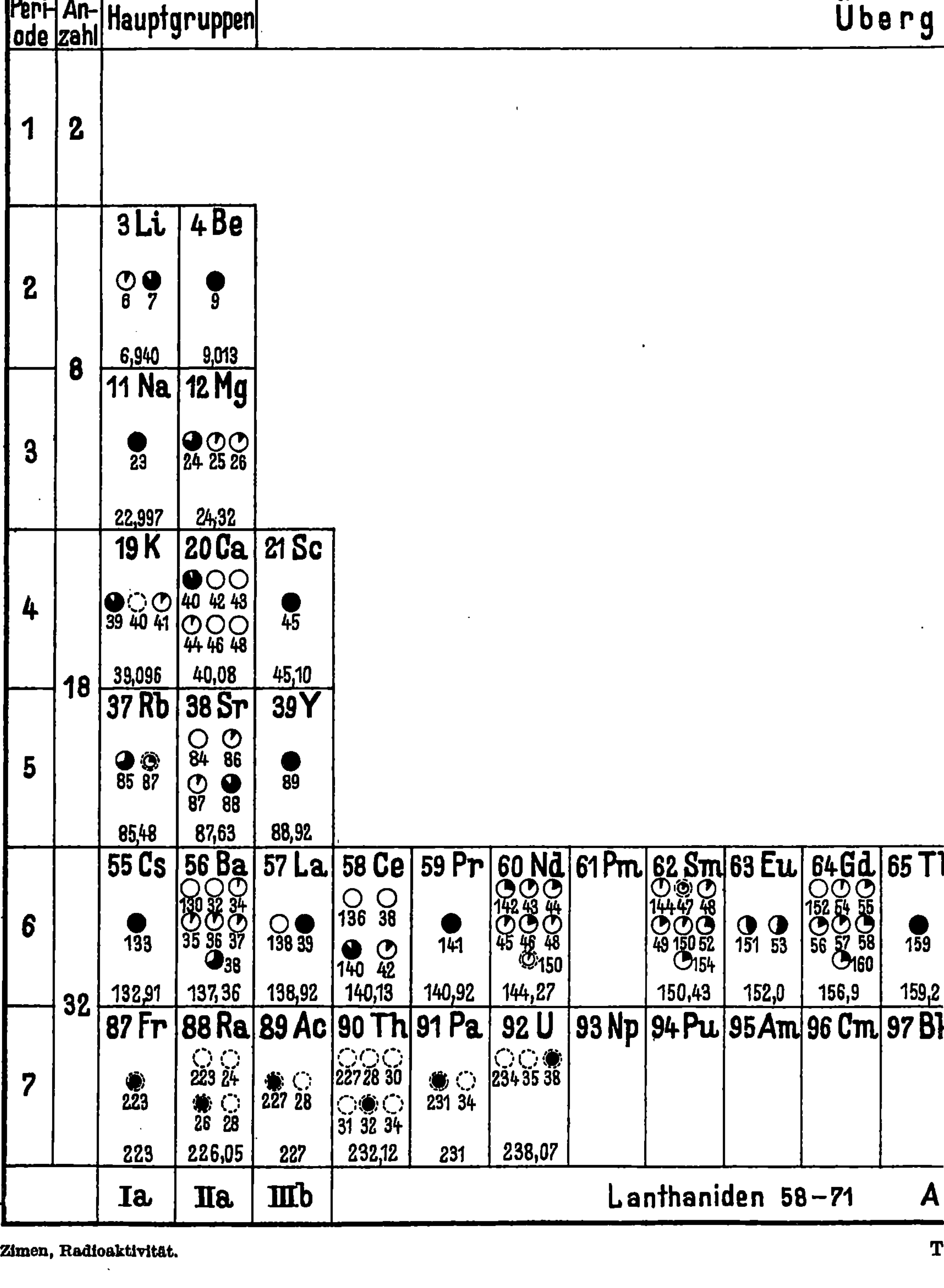
Peri-ode
An-zahl
Hauptgruppen
Überg

1 | 2

2 | 8

3 Li
6 7
6,940

4 Be
9
9,013

11 Na
23
22,997

12 Mg
24 25 26
24,32

4 | 18

19 K
39 40 41
39,096

20 Ca
40 42 43 44 46 48
40,08

21 Sc
45
45,10

5

37 Rb
85 87
85,48

38 Sr
84 86 87 88
87,63

39 Y
89
88,92

6 | 32

55 Cs
133
132,91

56 Ba
130 32 34 35 36 37 38
137,36

57 La
138 39
138,92

58 Ce
136 38 140 42
140,13

59 Pr
141
140,92

60 Nd
142 43 44 45 46 48 150
144,27

61 Pm

62 Sm
144 47 48 49 150 52 154
150,43

63 Eu
151 53
152,0

64 Gd
152 54 55 56 57 58 160
156,9

65 Tb
159
159,2

7

87 Fr
223
223

88 Ra
223 24 26 28
226,05

89 Ac
227 28
227

90 Th
227 28 30 31 32 34
232,12

91 Pa
231 34
231

92 U
234 35 38
238,07

93 Np

94 Pu

95 Am

96 Cm

97 Bk

Ia   IIa   IIIb   Lanthaniden 58-71   A

22 Ti	23 V	24 Cr	25 Mn	26 Fe	27 C..
46 47 48		50 52		54 56	
49 50	50 51	53 54	55	57 58	5...
47,90	50,95	52,01	54,93	55,85	58,9..

40 Zr	41 Nb	42 Mo	43 Tc	44 Ru	45 R..
90 91 92		92 94 95		96 98 99	
94 96	93	96 97 98 / 100		100 01 02 / 104	10..
91,22	92,91	95,95		101,7	102,..

..b	66 Dy	67 Ho	68 Er	69 Tm	70 Yb	71 Lu	72 Hf	73 Ta	74 W	75 Re	76 Os	77 ..
	156 58 160		162 64 66		168 170 71		174 76 77		180 82 83		184 86 87	
..	61 62 63 / 164	165	67 68 170	169	72 73 74 / 176	175 76	78 79 180	181	84 86	185 87	88 89 90 / 192	191
.,2	162,46	164,94	167,2	169,4	173,04	174,99	178,6	180,88	183,92	186,31	190,2	193..

..k	98 Cf											

Actiniden 90—103					IVb	Vb	VIb	VIIb		VI..

Tafel 10—1. Periodisches System und Isotopenzusammensetzung der Elemente (vgl. ZIMEN [Z 10]).

		Hauptgruppen						Quanten- zahlen
						1 H 1 2 1,008	2 He 3 4 4,003	1s
		5 B 10 11 10,82	6 C 12 13 12,010	7 N 14 15 14,008	8 O 16 17 18 16,0000	9 F 19 19,00	10 Ne 20 21 22 20,183	2s,p
		13 Al 27 26,97	14 Si 28 29 30 28,06	15 P 31 30,98	16 S 32 33 34 36 32,066	17 Cl 35 37 35,457	18 A 36 38 40 39,944	3s,p
29 Cu 63 65 63,54	30 Zn 64 66 67 68 70 65,38	31 Ga 69 71 69,72	32 Ge 70 72 73 74 76 72,60	33 As 75 74,91	34 Se 74 76 77 78 80 82 78,96	35 Br 79 81 79,916	36 Kr 78 80 82 83 84 86 83,7	4s,p 3d
47 Ag 107 09 107,880	48 Cd 106 08 10 11 12 13 14 16 112,41	49 In 113 15 114,76	50 Sn 112 14 15 16 17 18 19 20 22 24 118,70	51 Sb 121 23 121,76	52 Te 120 22 23 24 25 26 28 30 127,61	53 J 127 126,92	54 Xe 124 26 28 29 30 31 32 34 36 131,3	5s,p 4d
79 Au 197 197,2	80 Hg 196 98 99 200 01 02 204 200,61	81 Tl 203 05 204,39	82 Pb 204 06 07 08 207,21	83 Bi 209 209,00	84 Po 210 11 12 14 15 16 218 210	85 At 216 18 218	86 Em 218 19 20 22 222	6s,p 5d 4f
								7s 6d 5f
Ib	IIb	IIIa	IVa	Va	VIa	VIIa	0	

Springer-Verlag, Berlin · Göttingen · Heidelberg